KB144750

칼로리 걱정 없는

얼음 곤약 레시피

관리영양사 가나마루 에리카 지음 | 신미성 옮김

BM 성안당

Contents

Part 1

다이어트에 좋은 식재료! 얼음곤약

Part 2

마치 고기&생선처럼! 얼음곤약으로 뚝딱! 메인 요리

Part 3

얼음곤약으로 든든하게!
저칼로리&탄수화물 제로 밥&면

Part 4

술안주 칼로리 줄이기!
간단하지만 술과 잘 어울리는 맛의 안주

Part 5

맛의 비법을 모두 담았다!

얼음곤약으로 만든 밑반찬

Part 6

씹는 맛도 즐기자!

얼음곤약으로 만든 새로운 식감의 간식

※재료는 2인분 기준이다. 밑반찬은 만들기 쉬운 분량(4인분 정도)으로 되어있다.
※칼로리는 1인분 기준 수치이다.
※계량 단위는 1컵=200㎖, 큰술=15㎖, 작은술=5㎖로 한다.
※전자레인지는 600W를 기본으로 한다. 500W의 경우 가열 시간을 1.2배로 한다.
오븐토스터기의 가열 시간은 1000W를 기준으로 한다. 기종이나 종류에 따라 다소 차이가 있을 수 있으므로 상황에 따라 조절한다.

Part 1

다이어트에 좋은 식재료!

얼음곤약

다양한 매체에서 화제가 되고 있는 얼음곤약. 과연 그 정체는? 얼음곤약은 어떻게 만들어진 것일까? 그리고 어떻게 다이어트에 도움이 되는 것일까? 얼음곤약의 다이어트와 건강 효과, 그리고 얼음곤약을 활용한 다양한 레시피까지 자세히 소개한다.

화제의 新 다이어트 식재료!
얼음곤약

최근 화제가 되고 있는 얼음곤약. 도대체 무엇 때문에 그리고 왜! 다이어트에 좋다는 것일까?
그 비밀을 찾아보자.

얼음곤약 다이어트 power 5

날씬 power 1

식감을 살려 포만감을 느낄 수 있다!

곤약 자체에도 탄력이 있지만 얼음곤약으로 음식을 만들었을 때는 그 탄력이 배가된다. 수분이 빠져나간 만큼 작아지고, 오징어나 젤리 같은 식감 때문에 많이 씹게 되어 포만감을 느낄 수 있다. 또한 자연스럽게 천천히 식사하게 되면서, 뇌에 자극이 전달되는데 이것이 과식을 예방한다.

날씬 power 2

마치 고기처럼 식감이 풍부하여 고기를 좋아하는 사람도 만족!

고기는 단백질을 얻기 위해 빠질 수 없는 중요한 식재료이지만 과도하게 섭취하면 쉽게 적정 칼로리를 넘기게 된다. 따라서 식감도 모양도 고기 같은 얼음곤약을 잘 활용하면 고기 요리를 먹은 기분도 들면서 저칼로리로 섭취할 수 있다. 다이어트 중 먹고 싶은 것을 먹을 수 없어 쌓이는 스트레스는 없을 것이다.

날씬 power 3

밥이나 면 대신 편하게 칼로리&탄수화물 OFF

주식의 칼로리와 탄수화물을 조절하는 것도 다이어트 성공의 결정적인 방법이다. 쌀과 함께 얼음곤약을 넣어 밥을 지으면 같은 양의 밥을 먹더라도 칼로리를 대폭 줄일 수 있다. 그 외 면요리나 오므라이스 등에도 얼음곤약 넣는 것을 추천한다. 든든하게 식사한 것 같은 포만감을 느낄 수 있을 것이다.

날씬 power 4

식이섬유를 가득 섭취할 수 있기 때문에 변비 해소&디톡스 효과

얼음곤약은 장을 편안하게 하는 효과가 뛰어난 식이섬유가 풍부한 식재료이다. 식이섬유는 소화되지 않고 대장에 머물면서 장 속의 수분을 흡수하여 변의 부피를 확장시켜 노폐물과 함께 배출시킨다. 즉, 다이어트에 적인 변비를 예방해주고 디톡스 효과도 크게 볼 수 있다.

날씬 power 5

먹기 쉽고, 간이 잘 밴다. 그래서 요리하기에 간편하다.

얼음곤약은 '특유의 냄새가 신경 쓰인다', '맛이 잘 어우러지지 않는다'는 곤약의 결점을 해결하였다. 녹으면서 물이 빠져나가며 특유의 냄새도 빠져나가고 스펀지 같은 형태가 되어 맛이 더욱 잘 밴다. 그래서 어떤 요리에 쓰여도 맛이 잘 어울리고, 특히 고기 대신 쓸 수 있어 더 좋다.

얼음곤약이란?

곤약을 얼린 다음 수분을 제거한 것이다.
곤약은 약 97%가 수분으로, 단단히 얼린 다음 해동시키면 수분이 함께 빠져나간다. 그것을 얼음곤약이라고 한다. 일반 곤약을 하루 이상 냉동시켜 두면 쉽게 만들 수 있는 다이어트 식재료로, 같은 곤약이지만 칼로리도 낮아지고 일반 곤약과 비교했을 때 특유의 냄새도 없으며, 식감도 풍부해진다.
일본 전통식품 중 겨울철 상온에서 자연스럽게 얼려서 만든 '얼린 곤약'이 있는데, 그것을 간편화한 것이라고 할 수 있다.

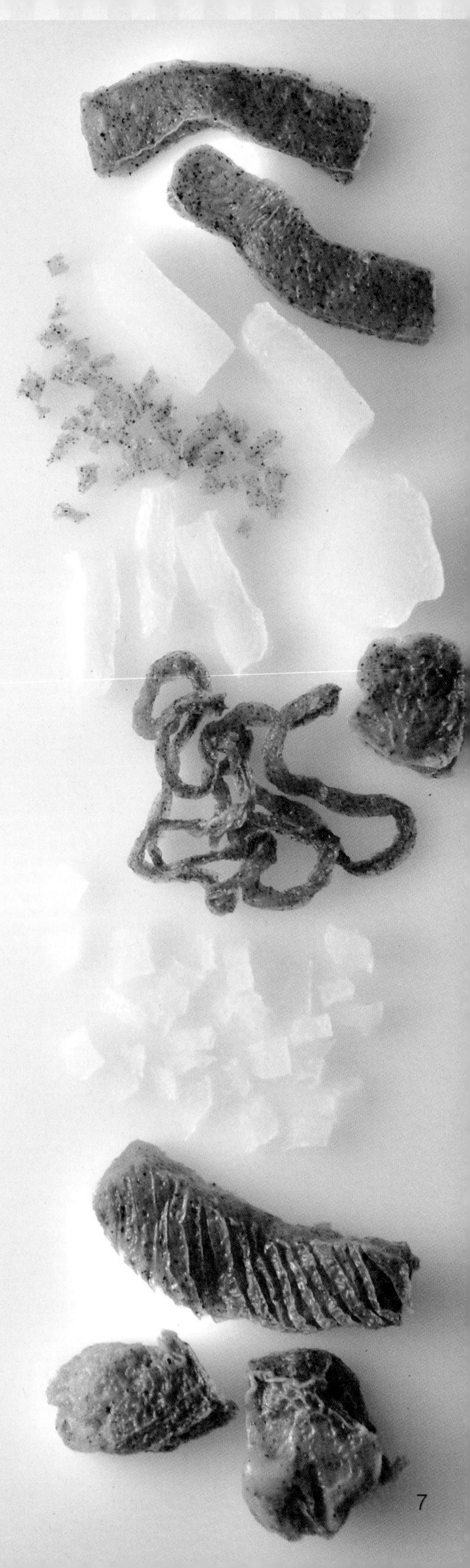

얼음곤약을 만들어보자!

곤약으로 포만감 있게, 맛있게, 즐기고 싶다면 먼저 얼음곤약부터 만들어보자.
이 책에서는 일반 시중에 판매하고 있는 곤약(1장, 220g)을 기준으로, 요리에는 흰색과 검은색 곤약을 사용한다.

1

사용하고자 하는 모양에 맞게 자르거나, 찢는다.

먼저 이 책의 얼음곤약 레시피 중 무엇을 만들지를 정한다. 곤약 1장을 p.10~11을 참고하여 사용하고 싶은 모양으로 자른다. 다양한 요리에 활용하고 싶다면 곤약 1장씩을 다지기, 깍둑썰기, 직사각썰기, 나박썰기 등 활용성이 좋은 형태로 잘라 냉동시켜 두도록 한다.

깍둑썰기의 경우

전체를 가로로 반 자르고, 다시 각각 6조각으로 나눈다. 손으로 찢으면 맛이 잘 배일 수 있다.

2

Point

가능한 공기가 들어가지 않도록 밀봉해서 보관한다.

비닐팩에 담는다.

잘라둔 곤약을 비닐팩에 넣고 잘 돌려서 입구를 봉한다. 이때 되도록 비닐팩 속에 있는 공기가 빠져나가게 하여 묶고, 밀폐상태로 만드는 것이 중요하다. 해동할 때는 그대로 흐르는 물에 녹이기 때문에 랩을 사용하는 것보다는 비닐팩이 편리하다.

Point

자르는 방법에 따라 나눠 냉동해두면 편리하다.

냉동한다.

비닐팩에 넣은 곤약을 쟁반에 나누어 담아 냉동시킨다. 곤약의 두께에 따라 얼리는 데 필요한 시간이 달라지지만 깍둑썰기와 같이 두께가 있는 것들은 하루 정도 냉동해두면 된다. 그 이상 냉동해도 상태는 변하지 않는다.

Point 흐르는 물에 해동하면 시간도 절약되고 맛있다.

해동한다.

비닐팩에 넣은 채로 흐르는 물에 해동한다. 해동하는 데 필요한 시간은 5~6분. 비닐팩 안에 있는 곤약에서 수분이 빠져 나온다.

물기를 짠다.

해동되면 자루에 받쳐 행주나 키친타월로 수분을 확실하게 짠다. 그렇게 하면 곤약의 수분이 확실하게 제거되어 스펀지와 같은 상태가 된다.

전부 사용하지 않을 때는 냉장 보관

물기를 짠 상태에서 다시 비닐팩에 넣고 냉장 보관하면 3~4일은 간다. 이 책의 레시피는 1인분이 1/2장을 기본으로 하기 때문에 1인분을 만들 거라면 반만 사용하고, 나머지는 냉장 보관하여 다른 요리에 사용하면 된다.

얼음곤약 완성!

얼음곤약은 냉동 전 곤약과 비교해 수분이 빠져나간 만큼 작아진다.
뽀득뽀득한 스펀지의 형태가 되기 때문에 꼬득꼬득 씹는 맛이 살아나고, 간도 충분히 배게 된다. 따라서 어떤 간을 하느냐에 따라 다양한 식재료로 변신한다!

자르는 방법에 따라 다양한 식재료로 변신한다!

얼음곤약은 자르는 방법이 중요하다.

어떤 재료 대신 사용할 것인지, 어떤 재료와 함께 조리할 것인지에 따라 자르는 방법이 달라진다.

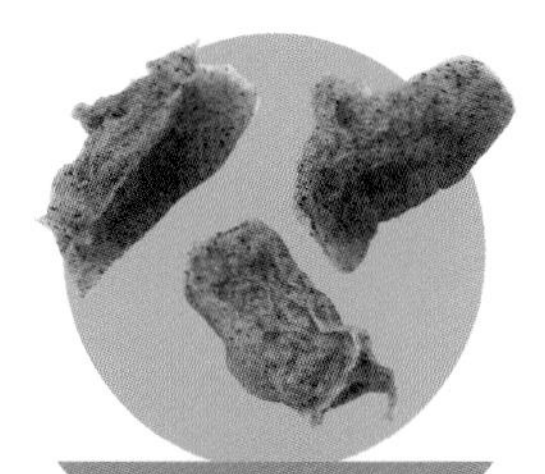

깍둑썰기

[튀김 요리용]

곤약을 가로로 반 자른 다음, 다시 각각 6조각으로 나눈다. 각이 지게 자른 것은 고기 대신 쓰고, 디저트를 만들 때는 흰색 곤약을 사용한다.

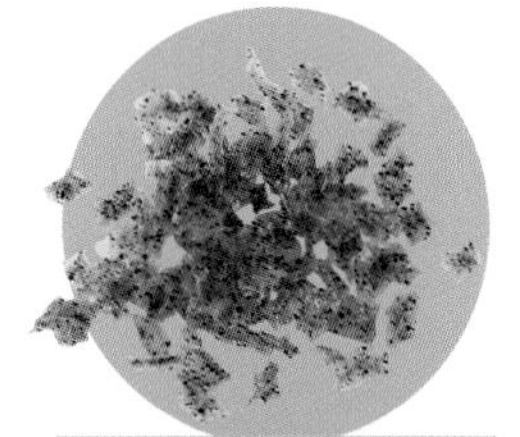

다지기

[다진 고기 요리나 밥용]

잘게 다지듯 썬다. 다진 고기나 밥에 섞어 양을 늘릴 때 넣는다. 흰 쌀밥이나 디저트에는 흰색 곤약을 사용한다.

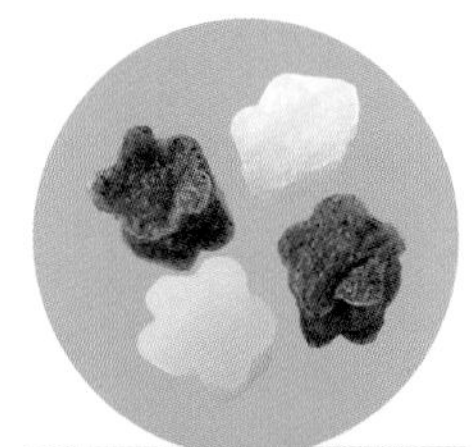

모양 자르기

[디저트용]

좋아하는 틀에 찍어낸다. 콘 수프 같은 디저트에 넣을 것을 추천한다. 검은색과 흰색 곤약을 섞어 사용하면 포인트를 줄 수 있다.

반으로 썰기

[고기 요리용]

곤약의 두께를 반으로 자른다. 돼지고기 생강구이, 스테이크 등 고기 대신 사용한다.

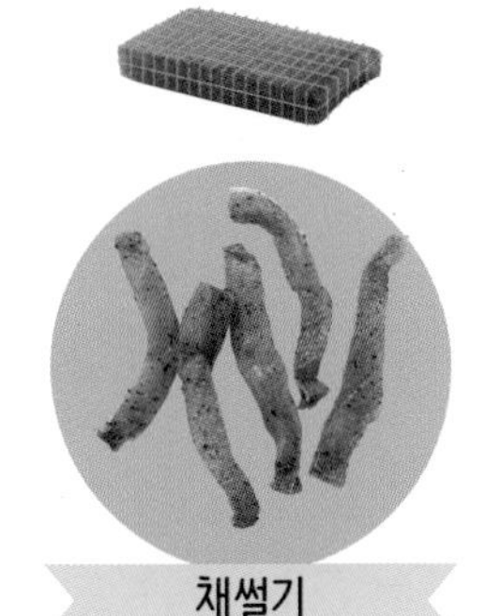

채썰기

[버무림용]

곤약의 두께를 반으로 자르고, 끝부터 잘게 채썬다. 잘게 썬 채소와 함께 버무려 볶아내면 좋다.

막대썰기

[마카로니 대체용]

곤약의 두께를 반으로 자르고, 가로로도 반을 자른다. 끝에서부터 1cm 폭으로 자른다. 흰색 곤약은 짧은 파스타 대신 쓰고, 볶음이나 조림용으로 사용한다.

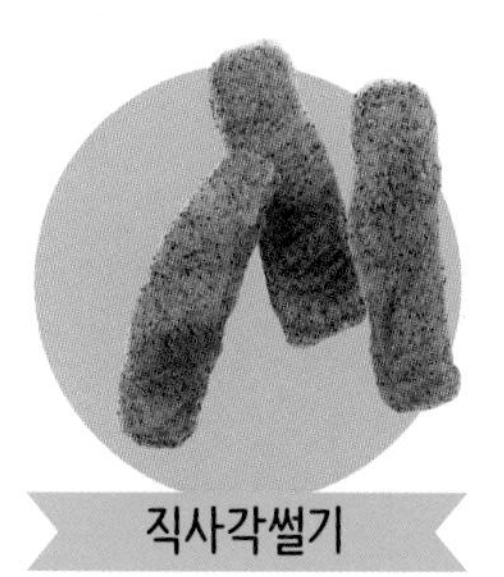

직사각썰기

[볶음이나 조림용]

곤약을 끝에서부터 얇게 자른다. 채소 등과 함께 볶을 때, 해산물 대신 흰색 곤약을 넣는다.

두껍게 직사각썰기

[생선 대체용]

곤약을 끝에서부터 8~10등분 정도로 하고, 비스듬하게 촘촘한 칼집을 넣는다. 생선이나 채소 대용으로 씹는 맛을 강조하고 싶을 때 사용한다.

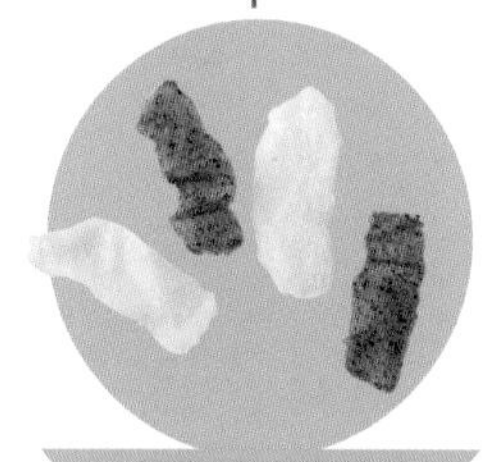

얇게 직사각썰기

[칩을 만들 때]

보통의 직사각형 모양보다 얇게 비칠 정도의 두께로 자른다. 칩으로 사용할 때 곤약의 색은 선호하는 색으로 하면 된다.

길게 직사각썰기

[말이 요리를 할 때]

세로로 길게 자른다. 말이 요리를 할 때나, 어울리는 재료들과 같이 길게 잘라 사용한다. 이 책에서는 흰색 곤약을 사용하였다.

저미기

[생선살을 뜬 모양으로]

가로로 3등분하여 자른 다음, 두께도 3~4등분으로 자른다. 얇게 자른 고기, 생선살의 느낌을 내고 싶을 때 사용하면 된다. 생선살 대신으로 쓸 때는 흰색 곤약을 쓸 것을 추천한다.

나박썰기 ❶

[해산물 요리용]

3등분으로 자른 다음 끝에서부터 세로 방향으로 얇게 썬다. 해산물 재료 대신에 주로 흰색곤약을 사용한다.

나박썰기 ❷

[두껍게 자른 베이컨처럼]

두께를 반으로 자르고, 가로로 3등분하고, 세로로 3등분한다. 나박썰기 ❶보다 약간 두껍다.

곤약의
건강 & 다이어트 효과

얼음곤약은 일반 곤약을 얼려서 수분을 뺀 것이다. 따라서 그 효과는 곤약과 거의 비슷하다.
곤약이 가진 건강&다이어트 효과를 알아보자.

5~7kcal/100g의 최저 칼로리로 다이어트 기간 중 칼로리 조절용으로 최적이다!

얼리기 전 곤약은 약 97%가 수분, 나머지 성분은 식물성 식이섬유 등으로 구성되어 있으며, 칼로리도 5~7kcal/100g으로 최저 칼로리다. 그렇기 때문에 이것을 함께 곁들여 먹는다고 해도 칼로리는 거의 증가하지 않는다. 즉 잘 활용한다면 저칼로리의 맛있는 음식을 '만족스럽게 먹었다!'고 할 수 있다.

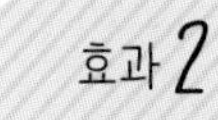

평소 부족하기 쉬운 식물성 식이섬유가 풍부하기 때문에 변비 해소&디톡스 효과를 볼 수 있다!

흔히 여성들이 많이 고민하는 변비 해소에 도움이 되는 것이 식물성 식이섬유이다. 식물성 식이섬유는 소화되지 않고 대장에 머물러 수분을 머금고 부풀면서 장벽을 자극한다. 동시에 변의 양이 많아져 장 속을 말끔하게 하는 효과도 크게 볼 수 있다. 대부분의 사람들이 매일 2~3g 정도 부족하다고 하는데, 2.2g/100g의 식물성 식이섬유를 함유한 곤약을 섭취한다면 식물성 식이섬유 부족을 거의 해소할 수 있고, 섭취한 음식물이 장 속에 머무는 시간을 단축할 수 있을 것이다.

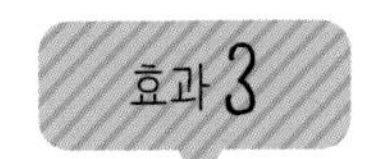

씹는 맛이 있기 때문에 과식을 막을 수 있다!

살이 찌는 원인 중 하나로 빨리 먹는 식습관이 있다. 뇌의 만복중추에 신호가 도달하기까지는 20여 분이 걸린다고 하는데 빨리 먹게 되면 '배가 부르다'고 느끼기 전에 이미 너무 많은 양의 식사를 해버리기 때문에 칼로리가 오버되는 것이다. 곤약은 오랫동안 씹어야 하기 때문에 자연스럽게 먹는 속도가 느려지게 되며, 뇌의 만복중추가 자극되면서 과식을 예방할 수 있다.

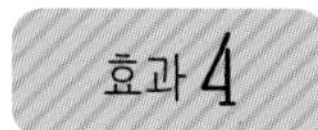

식사 후 혈당 수치가 급상승하는 것을 억제해준다!

식후 혈당 수치가 급상승하면 중성 지방이 늘어나는 원인이 되어 살이 찐다. 여기서 주목해야 할 점은 식물성 식이섬유가 풍부한 식사는 그 상승을 늦추게 하는 효과가 높다는 것이다. 아래의 곤약만난(글루코만난, 식물성 식이섬유)을 사용한 실험에서도 인슐린의 분비를 억제하고, 혈당 수치(혈장 글루코스 농도)의 상승을 억제하는 효과가 있다는 것을 알 수 있다.

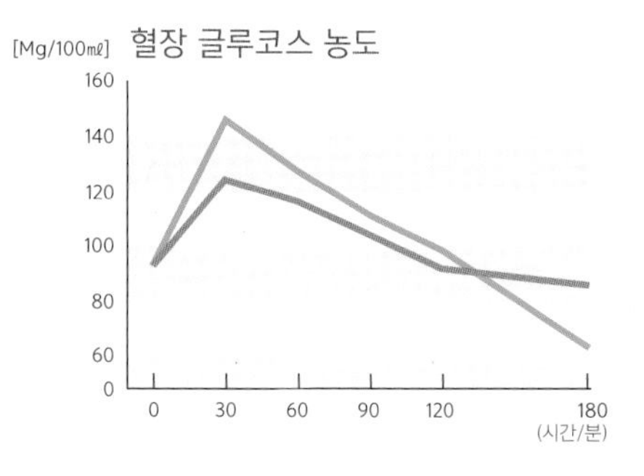

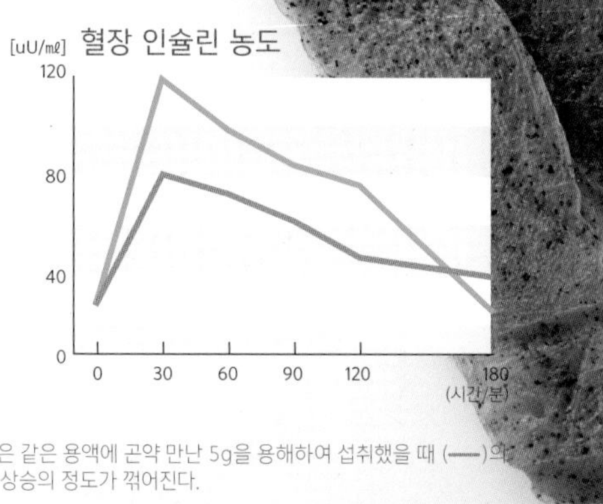

피실험자(건강한 남자) 7명에게 16% 글루코스 용액 500㎖(──) 혹은 같은 용액에 곤약 만난 5g을 용해하여 섭취했을 때 (──)의 혈장 글루코스 및 혈장 인슐린 농도의 변화. 곤약만난을 투여한 쪽이 상승의 정도가 꺾어진다.

출처 : 『곤약의 과학』, 오키마스 테츠 편저, 계수사 / 일본 곤약 협회 『활기찬 건강식 곤약』에서 발췌

효과 5

칼슘을 섭취할 수 있기 때문에 여성에게 제격이다.

칼슘은 우리에게 부족해지기 쉬운 미네랄, 특히 여성은 연령에 따라 골다공증의 위험이 높아지고 있기 때문에 적극적으로 칼슘을 보충할 필요가 있다. 곤약은 칼슘을 다량 함유하고 있고 더욱이 체내에 흡수되기 쉬운 특징이 있다. 특히, 진한 견고제를 사용하는 실곤약은 칼슘이 풍부하다.

소화기계 전문가에게 듣는다!

식물성 식이섬유가 몸을 날씬하게 하는 이유

곤약의 다이어트&건강 효과를 내게 하는 식물성 식이섬유.
왜 식물성 식이섬유를 섭취하면 장, 그리고 몸이 날씬해지는가.
장내 세균의 소화기계 분야에서 세계적으로 권위 있는 벤노 요시미 씨에게 듣는다.

요즘 건강을 크게 좌우하는 장기로 '대장'이 주목받고 있는데, 대장은 비만과 관계가 깊다고 해도 과언이 아니다. 대장의 가장 중요한 활동은 배뇨 기능이지만 대장이 활발히 움직이지 않으면 섭취한 음식물에서 발생되는 가스가 쌓이고, 장내 세균이 생산한 유해물질은 장내 환경을 악화시켜 나아가서는 온몸의 칼로리 소비 능력까지 저하시킨다. 또한 최근 연구에 따르면 어떤 장내 세균의 존재 자체가 살이 찌기 쉬운 것과 관계가 있다고 한다. 즉, 몸속이 깨끗해지고 싶다면 장내 환경을 정돈하는 것이 중요하다. 이를 위해 적극적인 섭취를 권장하는 것이 식물성 식이섬유이다. 식물성 식이섬유는 장 청소에 관해서 악옥균의 증식을 억제하고, 장 속의 방어막을 늘려 다른 음식 찌꺼기와 노폐물을 함께 몸 밖으로 배출시킨다.

아쉽게도 많은 사람들이 1일 식이섬유 목표 섭취량(18세 이상의 여성 1일 18g, 남성 1일 20g)에 도달하지 못하기 때문에 반드시 이를 의식하고 섭취해야 한다.

날씬해지기! 젊어지기! 건강해지기! 이 모든 것은 장의 움직임이 원활해야 가능한 일들이다.

profile

벤노 요시미(べんの·よしみ) 장내 세균의 세계적 권위자. 농학박사. 국립연구개발 법리 화학연구소 이노베이션 추진센터 벤노 특별 초빙 연구원. DNA 해석에 의한 장내 세균을 다수 발견. 장내 세균 관련 병과 비만을 연구. 최근에는 '똥박사'로 TV와 잡지에서 활약 중이다. 『장이 말끔해지면 확실히 살이 빠진다!』 등의 저서가 있다.

생곤약 +α 효과도 있다!

생곤약은 세라미드가 풍부하게 함유되어 있어
이것으로 얼음곤약을 만들면 새로운 효과를 얻을 수 있다.

세라미드 함유량 No.1이기 때문에 피부미용에도 효과가 크다

세라미드는 피부 각질층의 구성 성분으로 보습작용과 피부 장벽 기능이라고 하는 미백에 빠질 수 없는 중요한 역할을 담당하고 있다. 그 세라미드를 풍부하게 함유한 것이 생곤약이다. 아래 그래픽을 통해서도 알 수 있듯이 그 함유량은 식용식물 중 No.1이다. 세라미드는 연령이 높아짐에 따라 피부를 유지하기 위해서도 적극적으로 보충해야 할 필요가 있다.

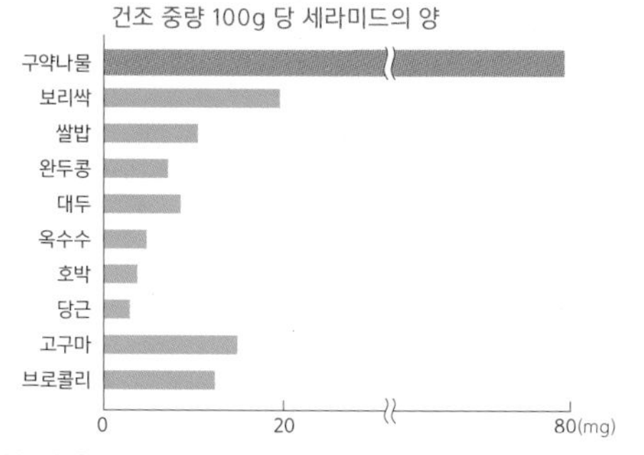

위 식용식물을 건조시켜 세라미드 함유량을 조사한 결과, 특히 구약나물에 세라미드가 더 많이 포함되어 있다는 것을 알았다.

출처 : 무카이 가츠유키『기능성 탄수화물 소재의 발전과 식품에 대한 응용』 씨엠씨출판, 252 (2005)

꽃가루 알레르기 등 알레르기 반응이 완화된다

세라미드를 섭취하면 각질층 세라미드가 증가하여 보습작용이나 피부 장벽의 기능이 강화된다. 실제로 세라미드(구약나물을 이루는 기본 영양분)를 매일 섭취하고 2주 후 피부 반응검사(알레르겐에 대한 발진의 크기 측정)를 실시했더니 세라미드를 섭취한 사람은 꽃가루나 실내 먼지 등으로 인한 알레르기 반응이 적어졌다(오른쪽 표 설명).

생곤약은,

일반적인 곤약은 껍질을 벗기고 건조시킨 가루 상태의 토란과에 속하는 다년생으로 구약나물이라고 하는 정분이 원료이다. 일반적으로 생곤약은 곤약분을 갈아서 만든다. 즉, 생곤약의 껍질과 함께 세라미드가 풍부하다.

강력한 항균력으로 헬리코박터 파일로리균을 제거

만성위염, 위의 손상이나 십이지장 손상, 위암의 발병으로도 이어진다고 하는 헬리코박터 파일로리균. 일본에서는 50세 이상의 파일로리균 보균자가 70% 이상이라고 한다. 생곤약 엑기스에는 파일로리균에 대한 강력한 항균 작용이 있어 매일 식사를 통해 섭취하면 위 속에 있는 파일로리균을 제거하는 효과를 기대할 수 있다.

	비섭취		세라미드 섭취	
피부검사(mm)	섭취 전	2주 후	섭취 전	2주 후
집 먼지 알레르기	7.2	7.8	7.5	6.5
참나무 꽃가루	6.2	6.0	6.1	4.0
달걀 노른자	6.3	6.7	6.8	6.4

세라미드를 섭취한 사람은 집 먼지 알레르기, 참나무 꽃가루, 달걀 노른자에 대한 알레르기 반응이 적다.

출처 : H.kimata:Rediatr. Dermatol, 23 (4), 386 (2006)

*자료제공 : 일본 곤약 협회. 그래프 및 표『활기찬 건강식 곤약』에서 발췌

얼음곤약

다이어트 성공 비법

배부른 레시피의 유용한 식재료로 주목받고 있는 얼음곤약.
당신이 만약 얼음곤약을 먹으면서 날씬해지는 비법을 터득했다면,
다이어트 성공의 길로 들어선 것이다!

1일 1장이 기준!

쌀곤약은 저칼로리이긴 하지만 너무 많이 섭취하게 되면 NG. 적당히 먹으면 변비 해소에도 도움이 되는 좋은 식품이지만 다량 섭취하면 장에 오히려 자극이 되어 변비에 걸릴 가능성도 있다. 일반적으로 곤약은 1장에 220g 정도의 양 밖에 안 되지만 되도록 1장만 섭취하도록 하자. 특히, 쌀곤약은 일반 곤약에 비해 식감이 거칠지 않아 많이 먹기 쉬우므로 주의하자.

수분도 충분히 섭취하자!

얼음곤약에 풍부하게 함유되어 있는 식물성 식이섬유는 대장에 있는 수분을 흡수하여 커진다. 그것이 장벽을 자극하여 장운동을 촉진하기 때문에 변비 해소로 이어지는 것이다. 즉, 곤약의 식물성 식이섬유를 증가시키기 위해서는 충분한 양의 수분을 섭취하는 것이 포인트이다. 특히 쌀곤약은 수분이 빠져있기 때문에 의식하며 물을 충분히 섭취하도록 하자.

고기 대용으로 사용하거나, 양을 늘릴 때 활용하자!

고기 대용으로 먹을 수 있다는 것이 곤약의 특징이다. 하지만 적당량의 고기는 양질의 단백질 보급원으로 빠질 수 없다. 메뉴를 모두 바꾸는 것이 아니라 1일 1식을 바꾸거나 곤약으로 양을 늘리는 등 얼음곤약을 능숙하고 다양하게 활용해보자. 그렇게 하면 칼로리를 지키면서 고기 요리를 먹은 기분이 들기 때문에 다이어트 기간을 즐겁게 보낼 수 있다.

밥과 메인 요리의 칼로리를 스마트하게 낮추자!

다이어트를 할 때 칼로리 조절을 위해 신경써야 하는 음식이 주식과 고기이다. 밥과 고기의 과도한 섭취가 바로 살이 찌는 원인이다. 그러나 밥의 탄수화물도 고기의 단백질도 몸에 필요한 영양소이기 때문에 극단적으로 한 음식을 금식하는 방법은 다이어트에는 역효과이다. 얼음곤약을 활용할 때는 '밥과 메인 요리를 균형있게' 조절하는 것이 포인트이다.

Part 2

마치 고기&생선처럼!

얼음곤약으로 뚝딱! 메인 요리

얼음곤약은 자르는 방법에 따라 스테이크용 고기, 다진 고기, 새우나 오징어 같은 해산물 대용으로도 변신한다! 다이어트 중에는 아무래도 피하게 되는 고기요리나 기름진 중화요리 등의 주재료로 잘 이용하면 부담스럽지 않게 요리를 완성할 수 있다.

얼음곤약으로 만든다!

고기 듬뿍 메인 요리

다이어트 중에도 고기가 먹고 싶다! 그렇다면 얼음곤약을 먹어야 하는 때이다.
겉보기에도 맛있어 보이고, 마치 진짜 스테이크 같아 만족스럽다.

얼음곤약을 다져서 만든 햄버거 스테이크

얼음곤약이라고는 생각할 수 없을 만큼 고기의 식감을 그대로 재현하였다.
탄력 있는 식감이 더욱 만족감을 준다.

재료 (2인분)

얼음곤약 <다지기> - 곤약 1장
양파 - 1/4개
버터 - 3g
다진 고기 - 100g
소금 - 약간

A
- 빵가루 - 1/4컵(20g)
- 우유 - 1큰술
- 달걀 - 1/2개
- 후추 - 약간
- 넛맥*(있는 경우) - 약간

샐러드유 - 1작은술

B
- 토마토케첩 - 3큰술
- 중화소스 - 1과 1/2큰술
- 굴소스 - 1/2작은술
- 화이트와인 - 2큰술

새싹채소 - 1작은팩
방울토마토 - 4개

만드는 법

1 잘게 다진 양파와 버터를 내열 접시에 랩을 씌워 전자레인지에 1분 30초 정도 데운다. 얼음곤약을 넣어 섞고 그대로 냉장시킨다.

2 용기에 다진 고기와 소금을 넣고 점성이 생길 때까지 잘 섞고 1과 *A*를 더해 다시 한 번 더 저어준다. 몇 번 치대서 공기를 빼고 양을 반으로 나눠 둥글게 모양을 만들고 중앙을 움푹 들어가게 한다.

3 프라이팬에 샐러드유를 둘러 중불로 가열하고, 2를 넣고 2분간 굽는다. 노릇노릇해지면 뒤집고 약불로 한 다음 뚜껑을 닫는다. 6분 정도 더 가열해 그릇에 담아낸다.

4 3의 프라이팬에 *B*를 넣고 가볍게 졸인다. 3에 새싹채소와 토마토를 함께 올려낸다.

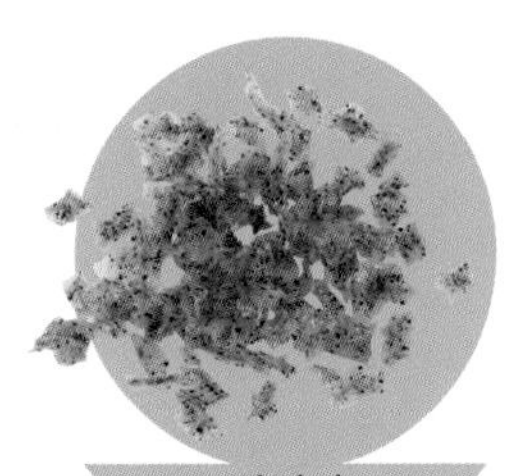

다지기

잘게 다져서 데친 양파와 얼음곤약을 더해 섞은 다음 식힌다.

283
kcal

다진 돼지고기,
소고기 100%보다
223 kcal
down

70
kcal
2꼬치

얼음곤약 파꼬치

꼬치구이용 소스가 더해지면서 식감까지 좋아져 맛이 더 완벽해진다.
닭꼬치 모양 그대로여서 더 맛있게 먹은 기분이 든다.

재료 (2~3인분/6꼬치)

얼음곤약 <깍둑썰기> - 곤약 1장

A
- 간장 - 1/2작은술
- 참기름 - 1/2작은술
- 꿀 - 1/2작은술

파 - 1단
오이고추 - 6개
샐러드유 - 1/2큰술

B
- 간장 - 1과 1/2큰술
- 미림 - 1큰술
- 설탕 - 2작은술
- 맛술 - 2작은술

만드는 법

1 얼음곤약은 *A*를 넣고 버무려 밑간한다. 파는 2cm 길이로 자른다.

2 대나무 꼬지에 얼음곤약과 파, 오이고추를 꽂는다(파→얼음곤약→오이고추→얼음곤약→파 순서).

3 프라이팬에 샐러드유를 둘러 중불에서 가열하고, 2의 꼬지를 나란히 두고, 뒤집어 가면서 노릇해질 때까지 굽는다. 3~4분간 구워내고, *B*를 뿌려서 졸인다. 통그릴 위에 올리고 위아래에 번갈아가면서 소스를 더해 맛을 낸다.

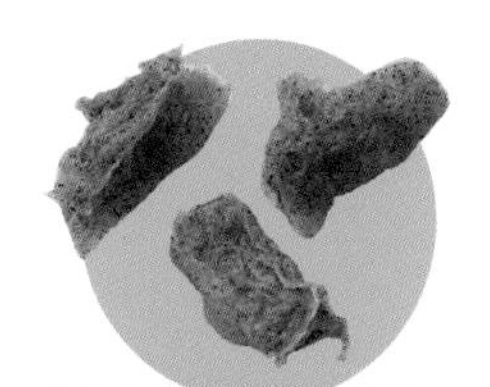

깍둑썰기

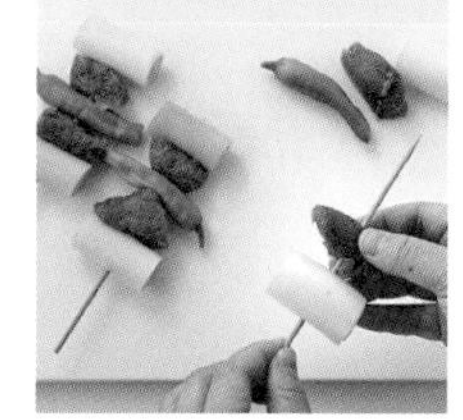

닭꼬치처럼 얼음곤약과 채소를 번갈아가며 끼운다.

비프스튜

마치 지방이 적은 신선한 고기를 졸인 맛이 난다.
이 한 접시로 포만감도 느끼고, 기분도 좋아지는 메인 요리이다.

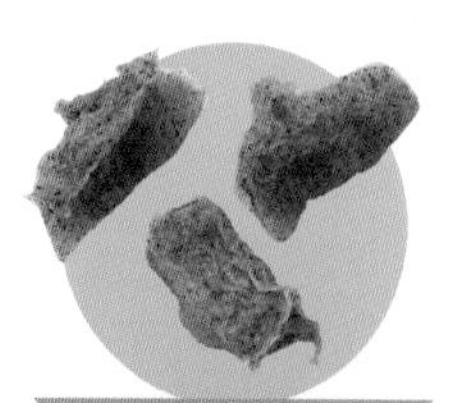

재료 (2인분)

얼음곤약 <깍둑썰기> - 곤약 1장

A
- 후추 - 약간씩
- 콩소메 수프 재료 - 약간씩

감자 - 큰 것 1개
당근 - 1/2개
양파 - 1/3개

B
- 샐러드유 - 1작은술
- 데미그라소스 - 1/2캔
- 레드와인 - 1/4컵
- 콩소메 수프 재료 - 1/2작은술
- 토마토케첩 - 1큰술

간장 - 1작은술
브로콜리 - 4개

만드는 법

1 얼음곤약에 *A*를 더해 가볍게 섞고, 감자는 껍질을 벗겨 6등분하여 흐르는 물에 씻어준다. 당근은 한입 크기로 적당히 썰고, 양파는 2cm 두께로 반달썰기 한다.

2 프라이팬에 샐러드유를 두른다. 중불에서 1의 얼음곤약과 함께 볶고, 당근까지 더해 볶은 후 물 1과 1/2컵을 넣어 뚜껑을 닫고 약불에서 7~8분간 끓인다.

3 *B*의 재료를 섞어가면서 다시 5분간 졸이고, 채소가 익을 때쯤 브로콜리를 작은 송이로 나눠 넣고, 2~3분간 졸인 다음 불을 끈다.

고기 요리할 때와 마찬가지로 얼음곤약도 살짝 볶아내고 채소와 같이 볶는다.

곤약 튀김

씹을 때마다 느껴지는 마늘 간장 맛이 마치 진짜 고기 육즙처럼 입안에 번진다.
누구나 좋아할 맛이다.

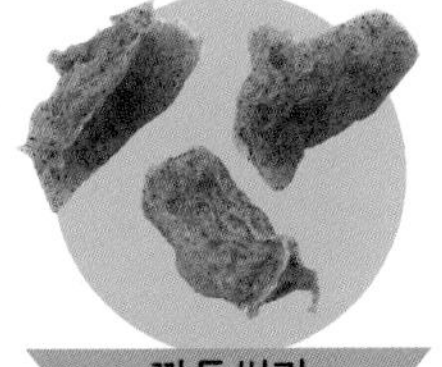

재료 (2인분)

얼음곤약 <깍둑썰기> - 곤약 1장

A
- 간 마늘 - 1작은술
- 간장 - 4작은술
- 후추 - 약간
- 달걀 - 1/2개

밀가루 - 2큰술
녹말 - 2큰술
샐러드유(튀김용) - 적당량
샐러드채소 - 3장
레몬슬라이스 - 적당량

만드는 법

1 *A*의 재료를 그릇에 담아 얼음곤약을 더해 잘 섞고, 그대로 약 20분 정도 두어 밑간을 한다.

2 1에 밀가루와 녹말을 더해 살짝 버무린다.

3 프라이팬에 샐러드유를 2cm 정도의 높이가 되도록 붓는다. 중불에서 가열해 180℃ 정도가 되면 2를 1개씩 넣고 튀긴다. 골고루 잘 튀겨질 수 있도록 뒤집어준다. 노릇노릇한 색이 돌면 받침대에 꺼내 여분의 기름을 제거한다.

4 샐러드채소와 레몬슬라이스와 함께 그릇에 담아낸다.

얼음곤약에 조미료를 더해 밑간을 한다.

157 kcal

닭고기 100% 보다 240 kcal down

쫄깃쫄깃 곤약 만두

다진 고기에 곤약을 더해 탄력 있는 식감으로!
쫄깃쫄깃한 만두피와의 궁합이 최고다.

재료 (2인분)

얼음곤약 <다지기> - 곤약 1장
양배추 - 2장
부추 - 1/2단
굴소스 - 1/2작은술
다진 고기(돼지고기) - 50g

A
- 설탕 - 1작은술
- 간장 - 1작은술
- 녹말 - 1/2큰술
- 간 마늘 · 간 생강 - 1작은술씩

만두피 - 12장
참기름 - 1/2큰술
B ─ 간장 · 식초 · 고추기름 - 적당량

만드는 법

1 양배추는 심을 제거하고 반으로 잘라 랩으로 싼다. 전자레인지에 1분간 데우고, 식으면 잘게 썰어 물기를 짠다. 부추도 잘게 썬다. 얼음곤약은 굴소스에 무친다.

2 용기에 다진 고기를 넣고, 1의 얼음곤약과 *A*를 넣고 버무린다. 1의 채소류를 더해서 섞어, 속을 만든다. 만두피에 속을 채워 넣고, 가장자리에 물을 살짝 묻혀 붙인다.

3 프라이팬에 참기름을 둘러 중불에 가열하고, 2를 넣고 굽는다. 노릇노릇하게 구워지면 물 1/4컵을 넣고 뚜껑을 닫아 강불에서 5~6분 가열한다.

4 뚜껑을 열고 강불에서 물기가 없어질 때까지 굽는다. 그릇에 담아내고 *B*를 섞은 소스를 더한다.

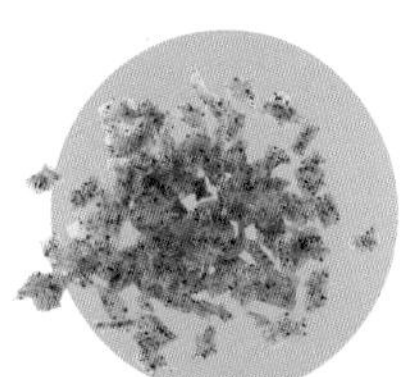

굴소스 맛을 더한 얼음곤약은 고기와 잘 섞어가면서 밑간을 한다.

돼지고기 생강구이

얼음곤약 겉에 칼집을 내어 생강 향이 나는 소스를 더해서 사이즈가 커도 먹기 좋다.
푸짐하고 맛있게 먹자!

재료 (2인분)

얼음곤약 <반으로 썰기> - 곤약 1과 1/2장

A
- 간 생강 - 1작은술
- 간장 - 1작은술
- 녹말가루 - 1작은술
- 미림 - 1/2작은술

샐러드유 - 1/2큰술

B
- 간 생강 - 1/2큰술
- 간장 - 1큰술
- 설탕 - 1/2큰술
- 미림 - 1/2큰술

양배추 - 2장

토마토 - 1/3개

만드는 법

1 얼음곤약은 비스듬하게 칼집을 내고 길이를 반으로 잘라, *A*를 넣고 버무린다.

2 중불로 데운 프라이팬에 샐러드유를 두르고, 1을 순서대로 넣어 잘 굽는다. *B*를 더해 얼음곤약에 맛이 배도록 졸인다.

3 그릇에 잘게 썰어놓은 양배추와 토마토와 2를 담아낸다.

비스듬하게 얇은 칼집을 넣어 맛이 잘 배도록 한다.

곤약 돈가스

얼음곤약과 돼지고기를 겹쳐 마치 로스돈가스처럼 볼륨감이 있다.
아삭함을 살릴 수 있는 차조기 잎과 양배추를 함께 담아낸다.

저미기

재료 (2인분)

얼음곤약 <저미기> - 곤약 1장
샤브샤브용 돼지고기 - 60g
소금 · 후추 - 약간씩
밀가루 · 빵가루 - 적당량
달걀물 - 1개분
샐러드유(튀김용) - 적당량
양배추 - 2~3장
차조기 잎 - 3장
돈가스소스 - 2큰술

만드는 법

1 돼지고기를 2장 겹쳐서 다진 다음 소금과 후추를 뿌린다. 얼음곤약 4장을 올리고 그 위에 다시 돼지고기를 올린다. 이것을 한번 더 반복한다.

2 밀가루 옷을 입히고 달걀물에 적신 다음 다시 빵가루를 묻히는 순서로 옷을 입힌다.

3 프라이팬에 샐러드유를 2cm 높이로 붓고 약 170℃까지 가열한 다음 2를 넣는다. 중간에 뒤집어가면서 바삭하게 익을 때까지 튀겨내고, 먹기 좋은 크기로 썬다.

4 양배추와 차조기 잎을 잘게 다져 섞고, 3과 함께 그릇에 담아내 소스를 뿌린다.

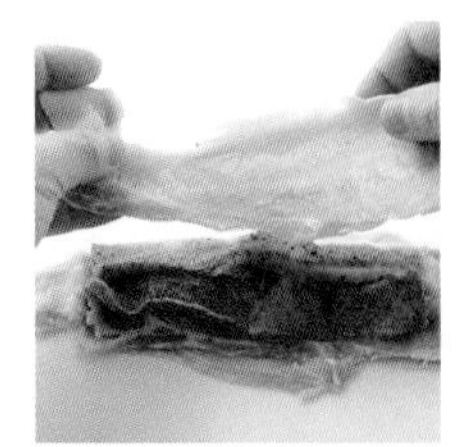
돼지고기와 얼음곤약을 겹쳐 로스의 두께로 만든다.

280
kcal

돼지고기 100% 보다 down
184 kcal

식감이 좋다!

채소 듬뿍 메인 요리

한식 · 일식 · 중식을 대표하는 채소 볶음 요리와 얼음곤약이 만났다!
얼음곤약 특유의 식감으로 고기 그 이상의 존재감을 느껴보자.

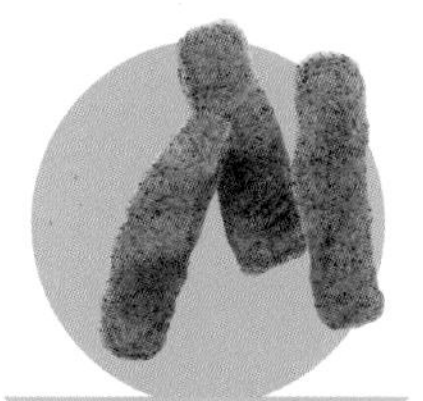

직사각썰기

재료 (2인분)

얼음곤약 <직사각썰기> - 곤약 1장
양배추 - 2장
피망 - 2개
샐러드유 - 1/2큰술

A
- 마늘(잘게 다진 것) - 1/2쪽
- 두반장 - 1/2작은술
- 춘장 - 1과 1/3큰술

B
- 맛술 - 1큰술
- 미림 - 1작은술
- 간장 - 1작은술

만드는 법

1 양배추와 피망을 한입 크기로 자른다.

2 프라이팬에 샐러드유를 두르고, 중불에 *A*를 더해 향이 올라올 때까지 볶고, 얼음곤약을 더해 전체적인 맛이 어우러지게 다시 한번 더 볶는다.

3 양배추와 피망을 더해 볶아내고, *B*를 넣고 강한 중불에서 채소와 볶는다.

111 kcal

돼지고기 100% 보다 232 kcal down

곤약 회과육

푸짐한 채소와 곤약의 씹는 맛이 일품이다.
든든한 포만감과 함께 건강에도 좋아 만족스러운 한 끼 식사가 된다.

맛있는 고추잡채

채소와 얼음곤약을 같은 크기와 모양으로 잘라
맛과 식감의 균형이 잘 어우러진다.

재료 (2인분)

얼음곤약 <채썰기> - 곤약 1장
피망 - 3~4개
죽순(익힌 것) - 80g
파 - 1단
참기름 - 1/2큰술
생강(잘게 다진 것) - 1/2개
A
- 간장 - 1큰술
- 굴소스 - 1작은술
- 설탕 - 1/2큰술
- 맛술 · 물 - 2큰술씩
- 녹말 - 1작은술

만드는 법

1 피망, 죽순은 4cm 길이로 잘게 썬다. 파는 얇게 어슷썰기 한다.
2 프라이팬에 참기름과 간장을 둘러 중불에 가열하고, 향이 올라오면 얼음곤약을 넣는다.
3 죽순을 넣고, 전체적으로 한번 살짝 볶은 다음 피망과 파를 더해 볶는다. *A*를 잘 섞어서 넣고, 걸쭉하게 볶아낸다.

소고기 조림

얼음곤약을 반으로 잘라 맛있게 졸여 듬뿍 담았다.
두부를 함께 섭취해서 영양 밸런스도 good!

재료 (2인분)

얼음곤약 <깍둑썰기> - 곤약 1장
우엉 - 1/2개
당근 - 1/3개
생강 - 1쪽
두부 - 1/2모(150g)
참기름 - 1/2큰술
A
- 육수 - 1/2컵
- 된장 - 2큰술
- 설탕 · 미림 · 맛술 - 1큰술씩
- 간장 - 1작은술

쪽파 - 적당량

만드는 법

1 얼음곤약을 반으로 자른다. 우엉과 당근은 적당한 크기로 썰고, 생강은 채친다. 두부는 가볍게 물을 짜낸 다음, 반으로 나누고 1cm 두께로 자른다.

2 냄비에 참기름과 생강을 넣고, 중불에서 얼음곤약, 우엉, 당근 순으로 볶는다. 점성이 생기면 *A*와 두부를 넣고 뚜껑을 닫은 후, 약불에서 10~15분 정도 물이 반으로 줄어들 때까지 졸인다.

3 그릇에 담아내고 잘게 썰어둔 쪽파를 올린다. 기호에 맞게 양념을 추가한다.

깍둑썰기한 것을 반으로 자르면 먹기 좋게 간이 잘 밴다.

쫄깃쫄깃 불고기

콩나물의 아삭한 식감과 얼음곤약의 쫄깃쫄깃한 맛이 절묘한 조화를 이룬다.
마늘향과 된장으로 간을 했다.

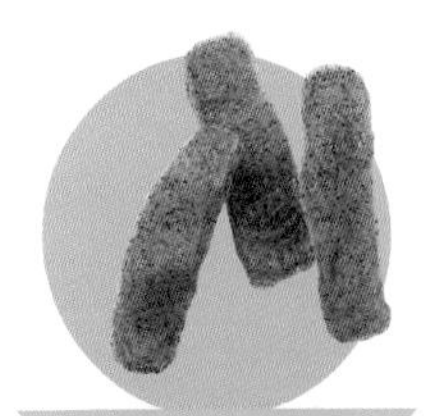
직사각썰기

재료 (2인분)

얼음곤약 <직사각썰기> - 곤약 1장
양파 - 1/4개
파프리카(빨간색) - 1/3개
부추 - 1/3단
콩나물 - 1봉

A
- 간 마늘 - 1작은술
- 닭껍질 육수 재료 - 1/4작은술
- 간장 - 1큰술
- 된장 - 1/2큰술
- 미림 - 2큰술
- 후추 - 1/2작은술
- 깨(빻은 것) - 1큰술

참기름 - 1/2큰술

만드는 법

1 양파와 파는 얇게 채썰고, 부추는 4~5cm 길이로 썬다. 콩나물도 다듬어 둔다.

2 용기에 *A*를 넣고 섞은 다음, 얼음곤약을 함께 넣고 버무린다. 파프리카, 양파, 숙주를 더해 섞는다.

3 프라이팬에 참기름을 두르고, 2를 넣어 강한 중불에서 볶는다. 부추는 마지막에 더해 살짝 볶는다.

미리 얼음곤약에 불고기 양념으로 밑간을 한다.

다양한 색의 채소 탕수육

얼음곤약은 양념을 더하면 마치 고기와 같은 식감이다. 비타민이 풍부한 녹황색 채소를 듬뿍 섭취할 수 있다.

재료 (2인분)

얼음곤약 <깍둑썰기> - 곤약 1장
양파 - 1/3개
파프리카(빨간색, 노란색) - 1/2개
피망 - 2개
가지 - 1개

A
- 식초·간장 - 1/2큰술씩
- 중화 수프 재료 - 1/2작은술
- 토마토케첩 - 2큰술
- 설탕 - 2작은술
- 물 - 1/2컵

샐러드유 - 1/2작은술
녹말 - 1/2큰술

만드는 법

1 양파, 파프리카, 피망은 한입 크기로 자르고, 가지는 가로로 자르고 얇게 자른다. *A*는 섞어 둔다.

2 프라이팬에 샐러드유를 두르고, 양파와 얼음곤약을 넣고 볶은 다음, 양파가 노릇노릇해지면 가지, 파프리카, 피망을 더해서 강불에 볶는다.

3 *A*를 더해 섞고, 1~2분 지난 후 전분에 두 배의 물을 넣어 녹이고 위아래로 크게 섞으면서 볶는다. 점성이 생기면 불을 끈다.

마파 채소

다진 고기 대신 얼음곤약과 버섯, 갖은 채소들을 듬뿍 넣어 푸짐한 요리로 완성. 토마토의 산미가 잘 어우러진다.

재료 (2인분)

얼음곤약 <다지기> - 곤약 1장
가지 - 2개
표고버섯 - 2송이
잎새버섯 - 1팩
토마토 - 작은 것 1개
부추 - 1/4단
참기름 - 1/2큰술
생강·마늘(잘게 다진 것) - 1작은술씩
두반장 - 1/2~1작은술
춘장 - 1과 1/2큰술

A
- 물 - 3/4컵
- 간장 - 1작은술
- 설탕 - 1/2큰술
- 맛술 - 1큰술

녹말 - 2작은술

만드는 법

1 가지는 가로 6~8등분, 표고버섯은 4등분으로 자르고, 잎새버섯은 잘게 찢는다. 토마토는 한쪽에 썰어둔다. 부추는 3~4cm의 길이로 자른다.

2 프라이팬에 참기름을 두르고 생강, 마늘, 두반장을 넣어 볶고, 향이 올라오면 얼음곤약과 춘장을 더해 섞어가며 볶는다.

3 가지와 표고버섯, 잎새버섯을 넣어 볶은 후, *A*를 더한다. 끓어오르면 냄비를 잘 섞어가면서 2~3분 졸인다.

4 녹말가루를 두 배 양의 물에 풀고, 토마토와 부추를 넣고 한번 졸인 다음, 그릇에 담아낸다.

152 kcal

돼지고기 100% 보다 down 155 kcal

얼음곤약으로 양을 늘린다!

볼륨감 있는 고기 요리

고기를 먹고 싶을 때는 얼음곤약을 활용할 것을 추천한다.
적은 양의 고기로도 만족스러운 요리가 된다.

216 kcal

돼지고기 100% 보다 down
92 kcal

깔끔한 냉 샤브 샐러드

돼지고기의 맛과 여주의 쌉쌀한 맛, 얼음곤약의 씹는 맛이 어우러진다.
매콤한 맛이 곁들여진 깨소스와도 잘 어울린다.

저미기

재료 (2인분)

얼음곤약 <저미기> - 곤약 1장
여주 - 1/2개
양상추 - 2~3장
경수채 - 2잎
샤브샤브용 돼지고기 - 60g

A
- 간 깨 - 2큰술
- 간 마늘 - 1/2작은술
- 간장 - 1과 1/3큰술
- 식초 - 1큰술
- 설탕 - 1/2큰술
- 고추기름 - 1/2작은술

만드는 법

1 여주는 속을 파내 5mm 두께로 반달 썰기 한다. 양상추는 한입 크기로 찢고, 경수채는 4~5mm 길이로 자른다.

2 냄비에 따뜻한 물을 가득 넣고 끓여 여주와 얼음곤약을 넣고 살짝 데친 후 물기를 뺀다. 같은 물에 돼지고기를 펴서 익힌 후 물기를 제거한다.

3 양상추와 경수채, 2를 섞어서 그릇에 담고 A를 섞어 뿌려준다.

부추김치 볶음

돼지고기, 부추, 김치가 어우러지면 스태미너까지 만족시키는 고기 요리가 완성된다. 얼음곤약의 탄력 있는 식감이 먹는 즐거움을 더해준다.

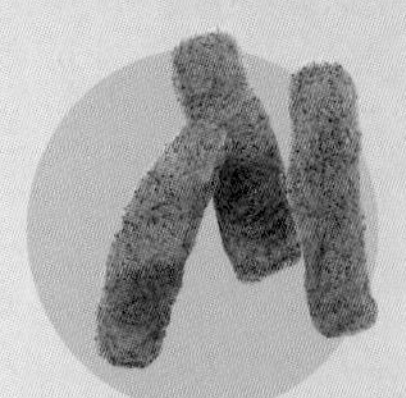

직사각썰기

재료 (2인분)

얼음곤약 <직사각썰기> - 곤약 1장
양파 - 1/2개
부추 - 1단
배추김치 - 100g
참기름 - 1/2큰술
다진 고기(돼지고기) - 60g
간장 - 2작은술
미림 - 1작은술

만드는 법

1 양파는 가로 1cm 폭으로 썬다. 부추는 4~5cm 길이로 자르고, 김치는 적당한 크기로 자른다.

2 프라이팬에 참기름을 두르고, 다져둔 고기를 얼음곤약과 함께 중불에서 볶아낸 다음 양파와 김치를 합쳐 볶는다.

3 양파가 익으면 간장과 미림을 넣고 강불에 볶다가 마지막으로 부추를 넣고 익힌다.

163 kcal

돼기고기 100%보다 down
184 kcal

수제 살시치아

'살시치아'는 이탈리아식 소시지 요리로, 허브향이 매력적이다.
얼음곤약의 탄력 있는 식감이 소시지와 잘 어울려 환상의 조화를 이룬다.

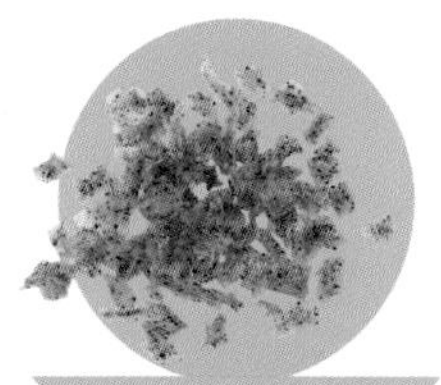

재료 (2인분)

얼음곤약 <다지기> - 곤약 1장
다진 고기(돼지고기·소고기) - 100g
소금 - 1/3작은술
A ┌ 말린 오레가노·말린 바질 - 1/2작은술씩
 └ 통후추(굵게 간 것) - 약간
양배추 - 1/6개
올리브오일 - 1/2큰술
발사믹 식초 - 적당량

만드는 법

1 다진 고기에 소금을 넣고 점성이 생길 때까지 반죽한 다음, 얼음곤약과 A를 넣고 잘 섞는다. 4등분하여 소시지 모양으로 만든다.
2 양배추는 반으로 잘라 그릇에 담고 랩을 씌워 전자레인지에서 2분간 데운다.
3 프라이팬에 올리브오일을 두르고 중불에서 가열한다. 1을 넣고 둥글려가며 굽고, 한쪽에 양배추를 올려 1~2분간 열을 가한다.
4 뚜껑을 열고, 양배추를 뒤집어서 수분을 날려주듯 볶는다. 그릇에 담고 발사믹 식초를 뿌린다.

다진 고기와 얼음곤약을 잘 섞고, 소시지 모양으로 만든다.

피망 고기 완자

얼음곤약은 고기와 잘 섞여 일부는 고기의 식감을 낸다.
고기를 꽉 채운 느낌이면서도 칼로리가 낮기 때문에 맛있게 즐길 수 있다.

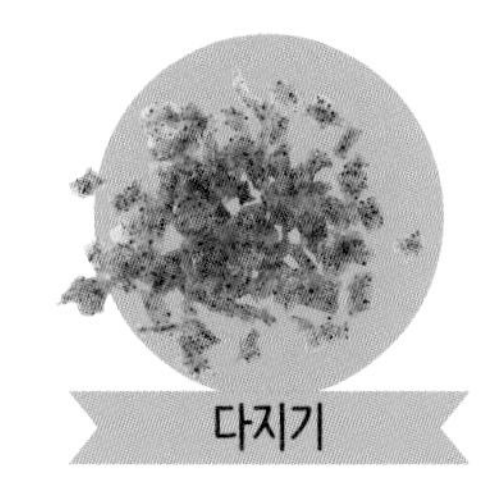

재료 (2인분)

얼음곤약 <다지기> - 곤약 1장
다진 고기(돼지고기 살코기) - 80g
소금 - 약간

A
- 간 생강 - 1작은술
- 간장 · 녹말 - 1작은술씩
- 참기름 - 1/2작은술

피망 - 큰 것 3개
밀가루 - 적당량
샐러드유 - 1/2큰술

B
- 맛술 · 미림 · 간장 - 2작은술씩
- 고추장 - 1작은술

만드는 법

1 용기에 다진 고기와 소금을 넣고 전체적으로 치댄 다음, 얼음곤약과 *A*를 넣고 다시 한번 더 반죽하듯 섞는다.

2 피망은 세로로 반으로 잘라 씨를 제거하고, 안쪽에 약간의 밀가루를 뿌려준다. 1의 고기를 채운다.

3 프라이팬에 샐러드유를 두른다. 2의 고기 면이 바닥으로 두고 노릇노릇해지도록 잘 굽는다. 뚜껑을 닫고 약불에서 3분간 둔다.

4 *B*를 더해 졸이고 그릇에 담아낸 다음, 양념 고춧가루를 곁들인다.

얼음곤약을 잘 섞어야 고기와 어우러져 더욱 맛있어진다.

얼음곤약으로 최저 칼로리를!

해물 요리

얼음곤약은 써는 방법에 따라 생선살이나 가리비, 오징어로도 변신한다!
기분을 내기 위해서 흰색 곤약을 쓸 것을 추천한다.

174
kcal

생선 100% 보다
85 kcal

생선 카르파쵸*

언뜻 보기에는 마치 생선살처럼 보인다. 생선과 같이 먹으면 진짜 생선과 구분이 어려울 정도다. 씹히는 맛이 확실해 맛있게 즐길 수 있으며, 레몬이 상큼하게 번져온다.

재료 (2인분)

얼음곤약 <저미기> - 곤약 1장
다시마가루 - 1/2작은술
오이 - 1개
생선살(얇게 썬 것) - 80g
새싹채소 - 적당량
A
- 올리브오일 - 1과 1/2큰술
- 레몬소금* - 1큰술
- 꿀 - 2작은술
- 식초 - 2작은술
- 고추냉이 - 1/2작은술

만드는 법

1 얼음곤약을 살짝 데치고 물기를 제거한다. 다시마가루를 넣는다.

2 오이는 채 썰어 물에 헹구고 채반에 올려 물기를 뺀다.

3 1의 얼음곤약과 생선을 그릇에 담고 오이와 새싹채소도 올리고 *A*를 섞어 둘러가며 올린다.

* **카르파쵸** - 얇게 썬 쇠고기를 날로 양념과 같이 먹는 이탈리아 요리
* 레몬소금이 없으면, 레몬 1큰술과 소금 약간으로 대체

저미기

얼음곤약에 다시마가루를 넣으면 다시마의 맛을 낼 수 있다.

가리비 크림 스튜

얼음곤약에 콩소메 맛을 더하면 뭉근한 크림의 맛이 더욱 살아난다.
가리비와 함께 즐기자.

나박썰기 ❶

재료 (2인분)

얼음곤약 <나박썰기 ❶> – 곤약 1장
A – 소금 · 후추 · 콩소메 수프 재료 – 약간씩
감자 – 1개
당근 – 1/2개
양파 – 1/4개
브로콜리 – 1/3개
올리브오일 – 1/2큰술
밀가루 – 2큰술
콩소메 수프 재료 – 1작은술
우유 – 1컵
가리비 관자 – 4개
소금 · 후추 – 약간씩

만드는 법

1 얼음곤약에 *A*를 넣는다. 감자는 껍질을 벗겨 6등분하여 썰고, 당근은 1cm 두께의 반달 모양으로 썰고, 양파는 얇게 썬다. 브로콜리는 작은 송이로 자른다.

2 냄비에 올리브오일을 둘러 중불에서 가열한 다음 얼음곤약, 양파, 당근, 감자를 넣고 볶는다. 밀가루를 넣고 전체적으로 섞는다. 물 1과 1/2컵, 콩소메 수프 재료를 넣고 졸인다. 끓어오르면 약한 중불에서 섞어가면서 10~15분간 졸인다.

3 우유, 브로콜리, 가리비를 넣고 중불에서 졸이고, 브로콜리가 어느 정도 익으면 소금과 후추로 간을 한다.

얼음곤약에는 콩소메 수프 재료로 밑간을 해둔다.

고등어 된장 조림

고등어에 얼음곤약이 양을 더욱 푸짐하게 만든다.
생강과 궁합이 잘 맞는 된장을 듬뿍 곁들여 더 맛있다.

재료 (2인분)

얼음곤약 <두껍게 직사각썰기>
- 곤약 1장

고등어(뼈를 제거한 반손) - 1/2조각(80g)
파 - 1단
A
- 생강(얇게 썬 것) - 3쪽
- 육수 - 1컵
- 맛술 - 2큰술
- 설탕 - 1과 1/2큰술

된장 - 2큰술
깨(빻은 것) - 2작은술

만드는 법

1 고등어는 3~4등분하여 자르고, 파는 4~5cm 길이로 자른다.

2 냄비에 *A*를 넣어 졸이고, 고등어와 얼음곤약을 넣는다. 그리고 된장을 풀어 넣고 알루미늄 포일로 작은 뚜껑을 만들어 냄비를 덮은 후 중불에서 7~8분 졸인다.

3 졸임의 양이 1/3이 되면 1의 파를 넣고 한 번 가열한 다음 깨를 뿌려 그릇에 담아낸다.

연어 곤약 구이

항산화 효과가 큰 연어에 채소를 듬뿍 올려 미용에도 좋다.
얼음곤약에도 된장 맛이 배어 있다.

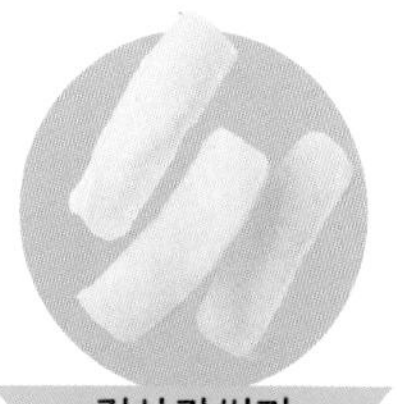

재료 (2인분)

얼음곤약 <직사각썰기> - 곤약 1장
생연어 - 1인분(100g)
양배추 - 2장
당근 - 40g
표고버섯 - 3개
샐러드유 - 1/2큰술
A
- 된장 - 1큰술보다 조금 더
- 간장 · 미림 · 설탕 - 1작은술씩
- 맛술 - 1큰술

만드는 법

1 연어와 양배추는 한입 크기로 자르고, 당근은 3~4cm 정도로 나박썰기 한다.

2 프라이팬에 샐러드유를 두르고, 연어와 얼음곤약을 넣어 양면을 굽는다. 연어의 색이 변하면 당근, 양배추, 표고버섯의 순으로 넣은 다음, *A*를 채소 위에 두른다.

3 뚜껑을 닫고 중불에서 5~6분간 가열하고, 채소의 숨이 죽으면 나무주걱으로 섞어주며 볶아 수분을 날려 보낸다.

팔보채

가리비를 더해 맛이 풍부해졌다.
얼음곤약이 해산물 느낌을 내어 채소와 함께 많이 섭취할 수 있다.

재료 (2인분)

얼음곤약 <나박썰기 ❶> - 곤약 1장
배추 - 2장
대파 - 1/2단
당근 - 1/3개
죽순(익힌 것) - 80g
표고버섯 - 2개
A
- 가리비 통조림 - 1캔
- 물 - 1/3컵
- 굴소스 - 1/2큰술
- 소금 · 후추 - 약간씩

참기름 - 1/2큰술
꼬투리째 먹는 강낭콩 - 20g
메추리알(삶은 것) - 6개
밀가루 - 1/2큰술

만드는 법

1 배추는 가로로 어슷썰기하고, 파는 얇게 어슷썰기 한다. 당근은 3~4cm로 나박썰기하고, 죽순도 비슷한 크기로 썰고, 표고버섯은 얇게 썬다. *A*는 섞어 둔다.

2 프라이팬에 참기름을 둘러 중불에 가열한다. 얼음곤약을 볶고 윤기가 돌면 1의 채소를 더해 강불에서 전체적으로 섞어가면서 2~3분간 볶는다.

3 *A*를 더해 졸인 후 꼬투리째 먹는 강낭콩과 메추리알도 추가하고, 채소가 익을 수 있도록 1~2분 정도 더 볶는다. 녹말가루 두 배 양의 물에 녹인 녹말가루를 더해 걸쭉하게 만든 다음, 불을 끈다.

칠리소스를 곁들인 새우 브로콜리

탱글탱글한 새우와 탄력 있는 얼음곤약이 합쳐져
색다른 식감을 느낄 수 있어 입맛을 돋우는 칠리새우이다.

나박썰기 ❶

재료 (2인분)

얼음곤약 <나박썰기 ❶> - 곤약 1장
작은 새우(껍질을 깐 것) - 100g
A ┌ 맛술 · 생강즙 · 참기름 - 1/2작은술씩
└ 녹말 - 2작은술
브로콜리 - 1/2개
샐러드유 - 1/2큰술
B ┌ 파(잘게 다진 것) - 1/3단
│ 생강(잘게 다진 것) - 1작은술
└ 두반장 - 1작은술
C ┌ 간장 · 설탕 - 1작은술씩
│ 토마토케첩 - 2큰술
│ 맛술 - 1큰술
│ 물 - 1/4컵
│ 중화 수프 재료 - 1/3작은술
└ 식초 - 1작은술
녹말 - 1/2큰술

만드는 법

1 새우는 소금과 녹말(분량 외)로 씻어낸 후 물기를 확실히 제거한다. 용기에 얼음곤약과 함께 넣고 *A*를 넣는다. 브로콜리는 작은 송이로 나눈다.

2 프라이팬에 샐러드유와 *B*를 넣어 중불에 볶고, 향이 올라오면 1의 새우와 얼음곤약을 넣고 전체적으로 어우러지게 볶는다.

3 *C*를 더해 졸인 후, 브로콜리를 넣고 1~2분을 더 졸이고, 두 배가 되는 물에 녹인 녹말가루를 넣어 걸쭉하게 한다.

새우와 얼음곤약에 밑간을 하여, 막을 만들어 놓는다.

170
kcal

새우 100% 보다
50 kcal
\down/

오징어 무조림

무가 완전히 졸여지는 동안 오징어의 깊은 맛이 얼음곤약에 스며들어 깊은 맛이 우러나는 요리이다.

재료 (2인분)

얼음곤약 <나박썰기 ❶> - 곤약 1장
무 - 200g
다시마 - 5cm
오징어 - 1/2개(120g)
육수 - 1과 1/2컵
생강(얇게 썬 것) - 1쪽
A ┌ 미림 · 간장 - 1과 1/2큰술씩
　 └ 맛술 - 1/4컵

만드는 법

1 1.5cm로 통썰기한 무를 넣고 다시마가 잠길 정도로 냄비에 물을 붓고, 중불에서 끓인다. 매운 내를 제거한 후, 10분 정도 데치고 물기를 제거한다.

2 오징어는 내장과 연골을 제거하고 몸통은 1cm 폭으로 자른다. 다리는 눈과 입을 제거하여 먹기 좋은 크기로 썰어둔다.

3 냄비에 육수와 생강을 넣고 중불에 가열하고 끓어오르면 얼음곤약과 무를 넣는다. 다시 한번 더 끓어올랐을 때 *A*와 2를 넣고 작은 뚜껑으로 닫고 가끔씩 뒤집어 가면서 국물이 2/3의 양이 될 때까지 약 20분간 졸인다.

Part 3

얼음곤약으로 든든하게!

저칼로리&탄수화물 제로 밥&면

우리가 다이어트를 결심할 때, 가장 먼저 줄여야겠다고 생각하는 것이 바로 밥과 면이다. 이 장에서도 먹는 양은 줄이지 않고 적은 칼로리 그대로 섭취할 수 있는 얼음곤약으로 만든 밥과 면 요리를 소개한다.

밥에 얼음곤약을 넣어 섞기만 하면 된다!

든든한 밥 레시피

주식인 밥에도 얼음곤약을 넣어 감쪽같이 칼로리를 낮춘다.
얼음곤약과 얼음 실곤약을 용도에 맞게 사용하는 것이 포인트이다.

무리 없이 탄수화물을 낮출 수 있다! 곤약으로 양 늘리기!

밥을 좋아하는 사람은 매일 먹는 밥에 얼음곤약을 넣는 것이 가장 좋다.
평소와 같은 느낌으로 먹지만 탄수화물과 칼로리를 한번에 다운시킬 수 있다.

얼음곤약은 곤약 특유의 냄새가 없기 때문에 흰 쌀밥의 맛 그대로이다. 밥의 양은 늘어나지만 칼로리는 다운된다.

양은 자연스럽게 줄고, 배도 부르다!

흰 쌀밥에 넣어 먹을 때는 잘게 다진 얼음곤약을 추천한다. 쌀 100g 당 곤약 1장 분량의 얼음곤약을 섞으면 완성된다. 흰 쌀밥 본연의 맛은 그대로 살린 채 양은 늘리고, 씹는 맛도 있어서 적은 양으로 포만감을 느낄 수 있다. 곤약은 흰색, 검은색 모두 가능하지만 흰색이 밥과 보기에도 잘 어우러져 흰 쌀밥의 느낌을 잘 살릴 수 있다.

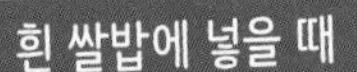

다지기

불린 쌀에 얼음곤약을 해동한 후 물기를 짜서 넣는다. 기준은 쌀 100g 당 얼음곤약 1장. 쌀 한 대 분의 물의 양으로 조절해 밥을 지으면 된다.

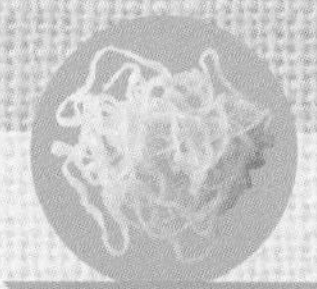

얼음 실곤약

볶음밥 같은 메뉴에는 얼음 실곤약을!

지은 밥에 섞어서 사용할 때는 실곤약을 잘게 다져 사용하면 간편하다. 실곤약은 얼음곤약과 같은 방법으로 냉동고에서 하루 얼리고 해동시켜 사용한다. 어떤 밥 메뉴라도 간단하게 칼로리를 낮출 수 있다.

칼로리 오프 오므라이스

얼음 실곤약을 더해도 오므라이스의 맛은 그대로!
평소 먹던 오므라이스와 맛은 거의 같지만 칼로리는 낮출 수 있다.

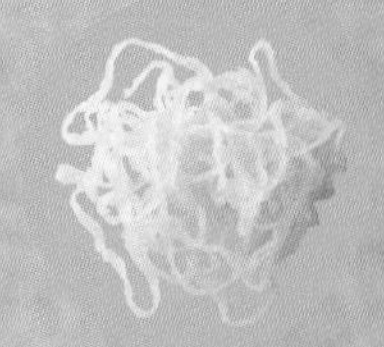
얼음 실곤약

재료 (2인분)

얼음 실곤약 - 실곤약 2봉지
양파 - 1/8개
당근 - 20g
피망 - 1개
닭가슴살(껍질 없는 것) - 1/3개(100g)
소금 - 약간
올리브오일 - 1큰술
콩소메 수프 재료 - 1/2작은술
밥 - 200g
A 토마토케첩 - 2큰술 / 우스터소스 - 1작은술
달걀 - 3개
우유 - 1큰술
새싹채소 - 적당량

만드는 법

1 얼음 실곤약의 물기를 짜서 잘게 다진다. 양파와 당근도 잘게 다진다. 피망은 5mm로 자르고, 닭고기는 7mm 크기로 자른다.

2 프라이팬에 올리브오일 1/2큰술을 중불에 가열하고, 양파와 당근, 얼음 실곤약을 함께 볶아 육수를 넣고 모두 볶아낸다. 광택이 날 때쯤 닭고기도 넣어 함께 볶는다.

3 고기의 색이 변해 재료가 어느 정도 익으면 피망과 밥을 넣어 볶고, *A*를 더해 맛이 배도록 함께 볶는다.

4 달걀을 풀어 우유를 넣고 불소수지 가공된 프라이팬에 남은 올리브오일 반을 얇게 두르고 달걀물의 반을 붓는다. 반숙 상태가 되면 3의 밥 1/2를 얹고, 달걀옷으로 덮어 그릇에 담아낸다. 같은 방법으로 하나 더 만든다. 기호에 따라 케첩을 두르고 새싹채소를 곁들인다.

431 kcal

흰 쌀밥 100% 보다 down
151 kcal

나시고렌

동남아시아의 향이 가득한 볶음밥, 나시고렌을 건강하게 먹어보자.
고기, 달걀, 채소가 균형을 이루어 다른 반찬이 필요 없다.

재료 (2인분)

얼음 실곤약 - 실곤약 2봉지
다진 고기(소고기) - 100g
파프리카(빨간색) - 1/3개
피망 - 1개
말린 새우 - 1큰술보다 조금 더
샐러드유 - 1/2큰술
양파(다진 것) - 1/6개
마늘(잘게 다진 것) - 1쪽
홍고추(잘게 썬 것) - 1개
A
- 남플라 · 토마토케첩 - 1큰술씩
- 간장 - 1/2작은술
- 설탕 - 2작은술
- 소금 · 후추 - 약간씩

밥 - 160g
참기름 - 약간
달걀 - 2개
고수 · 파프리카(빨간색) · 오이 · 땅콩
 - 적당량

만드는 법

1 얼음 실곤약은 물기를 짜서 잘게 다진다. 소고기는 1cm 폭으로 자르고, 파프리카와 피망은 잘게 다진다. 말린 새우도 잘게 썬다.

2 프라이팬에 샐러드유와 양파, 마늘, 홍고추를 넣고 중불에서 볶고, 재료의 향이 올라올 때 말린 새우와 얼음 실곤약, 파프리카, 피망을 넣고 볶는다. *A*를 넣어 볶고, 마지막으로 밥을 더해 조리하여 그릇에 담아낸다.

3 프라이팬을 깨끗하게 하여 참기름을 두르고 중불에 달걀 1개로 달걀 프라이를 만든다. 달걀 프라이를 2 위에 얹고, 적당한 크기로 자른 고수, 빨간색 파프리카, 오이, 빻은 땅콩을 뿌린다.

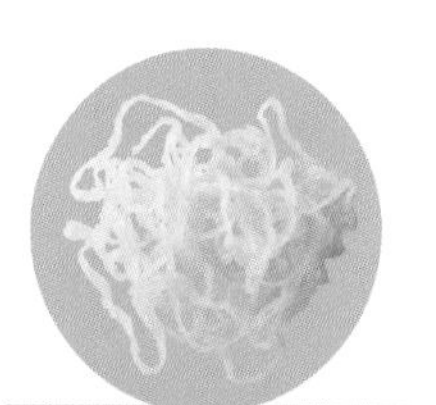

문어 볶음밥

생강이 어울리는 일식 볶음밥.
문어, 숙주, 얼음 실곤약 등 아삭아삭한 식감의 재료 총출동!

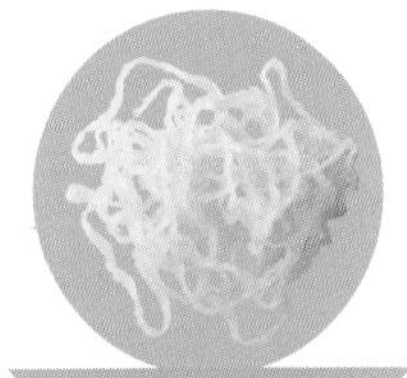
얼음 실곤약

재료 (2인분)

얼음 실곤약 - 실곤약 1봉지
문어(데친 것) - 150g
실파 - 1단
숙주 - 1/2봉
달걀 - 1개
A ┌ 맛술 - 1큰술
　│ 닭껍질 육수 재료 - 1/3작은술
　│ 간장 · 굴소스 - 1작은술씩
　└ 소금 · 후추 - 약간씩
참기름 - 1큰술
생강(잘게 다진 것) - 1/2쪽
따뜻한 밥 - 160g

만드는 법

1 얼음 실곤약은 물기를 짜서 잘게 다진다. 문어는 얇게 썰고, 파는 잘게 다지고, 숙주는 뿌리를 다듬는다. 달걀은 잘 풀어두고, *A*는 섞어둔다.

2 프라이팬에 참기름을 둘러 생강을 약불에서 볶고, 향이 올라오면 문어를 넣고 중불에서 볶는다. 윤기가 돌기 시작하면 모두 섞어 볶아낸다.

3 숙주를 올려 볶고, *A*까지 넣어 강불에서 볶는다. 풀어 놓은 달걀을 넣고 프라이를 뒤집어 주듯 눌러가면서 휘저어준다.

4 마지막으로 파를 넣고 전체적으로 섞은 다음, 그릇에 담아낸다.

323
kcal

흰 쌀밥 100% 보다 down
168 kcal

프라이팬 파에야

해산물이 가득 담긴 호화로운 맛!
얼음 실곤약으로 만든 밥으로 칼로리는 down!

268
kcal

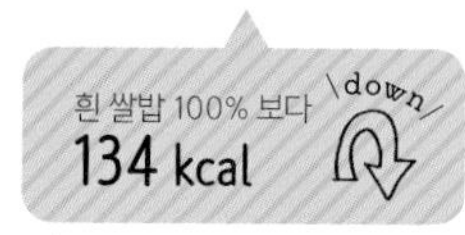

재료 (2~3인분)

얼음 실곤약 - 실곤약 2봉지
토마토 - 작은 것 1개
파프리카(빨간색) - 1/3개
새송이버섯 - 1개
아스파라거스 - 2개
A
- 물 - 1컵
- 화이트와인 - 2큰술
- 소금 - 1/2작은술
- 후추 - 약간
- 사프란 - 1줌

올리브오일 - 1/2큰술
마늘(잘게 다진 것) - 1쪽
정백미(씻지 않은 것) - 1/2합
양파(잘게 다진 것) - 1/4개
바지락(껍질째 해감한 것) - 120g
새우 - 3~4마리
레몬 - 적당량

만드는 법

1 얼음 실곤약의 물기를 짜서 잘게 다진다. 토마토도 잘게 다지고, 파프리카는 얇게 어슷썰기, 새송이버섯은 반으로 잘라 잘게 썬다. 아스파라거스는 밑 부분의 반을 필러로 껍질을 벗기고 반으로 자른다. *A*는 섞어둔다.

2 프라이팬에 올리브유를 둘러 중불에 가열하고 마늘, 양파, 토마토 순으로 볶고, 토마토가 익으면 얼음 실곤약을 넣고 빠르게 볶는다.

3 *A*와 새송이버섯과 파프리카를 넣고 하나로 섞어 전체적으로 평평하게 펼치고 뚜껑을 닫는다. 끓어오르면 약불에서 국물이 없어질 때까지 12~13분 정도 익힌다.

4 뚜껑을 열어 바지락과 새우, 아스파라거스를 빠르게 넣고, 다시 뚜껑을 닫는다. 바지락 입이 열릴 때까지 약불에서 약 5분 정도 가열한다. 불을 끄고 10분간 남아있는 열로 데운다. 기호에 따라 레몬을 첨가한다.

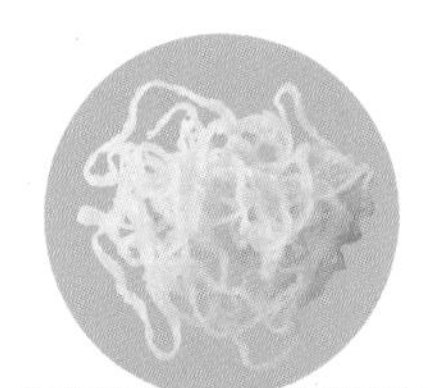

치즈 리소토

치즈의 진한 맛을 느끼고 싶을 때! 밥을 약간 넣고 버섯을 메인으로 하여
칼로리 걱정이 없다.

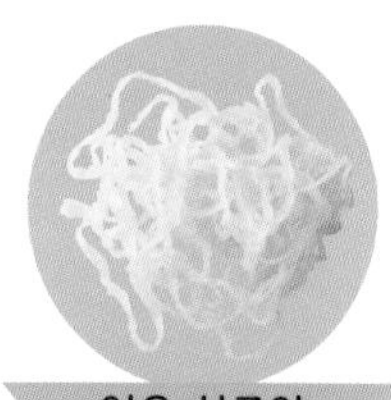

재료 (2～3인분)

얼음 실곤약 - 실곤약 2봉지
표고버섯 - 2개
양송이버섯 - 4~5개
만가닥버섯 - 1/2팩
아스파라거스 - 4개
올리브오일 - 1/2큰술
양파(잘게 썬 것) - 1/8개
마늘(잘게 다진 것) - 1쪽
정백미(씻지 않은 것) - 1/2합
화이트와인 - 1/4컵
콩소메 수프 재료 - 1작은술
치즈가루 - 4큰술
소금 · 후추 - 약간씩

만드는 법

1 얼음 실곤약의 물기를 짜서 잘게 다진다. 표고버섯과 양송이버섯은 얇게 썰고, 만가닥버섯은 작은 송이로 나눈다. 아스파라거스는 줄기의 반을 필러로 껍질을 벗기고 2~3cm 길이로 자른다.

2 바닥이 두꺼운 냄비에 올리브오일을 두르고 양파, 마늘을 넣고 약불에서 볶아낸다. 쌀을 넣고 중불에서 빠르게 볶는다. 와인을 넣어 끓이고, 1의 버섯들과 얼음 실곤약을 넣고 함께 볶는다.

3 국물이 거의 없어지면 물 1과 1/4컵과 콩소메 수프 재료를 넣어 나무주걱으로 섞고, 다시 국물이 없어질 때까지 졸인다. 같은 양의 물과 아스파라거스를 넣고 약불에서 11~12분 정도 끓인다. 국물이 거의 없어지면 치즈가루를 뿌려 빠르게 섞고, 소금과 후추로 간을 한다.

곤약을 음식 재료로 활용!

넉넉한 양의 덮밥

고기가 들어간 덮밥류의 고기를 곤약으로 바꾼다면
오히려 양도 많아지고 칼로리도 낮출 수 있다.
밥에도 얼음곤약을 넣으면 칼로리를 더욱 줄일 수 있다.

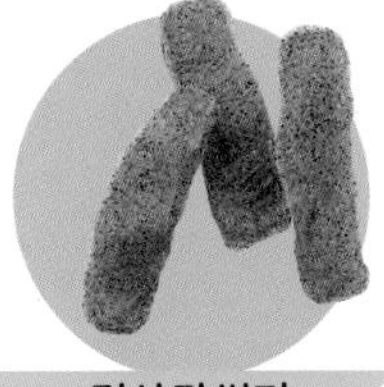

직사각썰기

재료 (2인분)

얼음곤약 <직사각썰기> - 곤약 1장
양파 - 1/2개
버섯 - 4개
쑥갓 - 1/2단
참기름 - 1작은술
A ┌ 다시육수 - 2/3컵
　│ 간장 - 5작은술
　└ 미림 · 설탕 · 맛술 - 1/2큰술씩
밥 - 300g
홍생강 - 적당량

만드는 법

1 양파는 섬유를 나누듯 얇게 썰고, 버섯도 얇게 썬다. 쑥갓은 살짝 데쳐서 3cm 길이로 자르고 물기를 짠다.

2 냄비에 참기름을 두르고 얼음곤약과 양파를 넣고 중불에서 볶는다. 양파가 투명해지면 *A*와 버섯을 더해 국물이 반 정도 될 때까지 졸인다.

3 밥을 그릇에 덜고 쑥갓을 펼쳐 그 위에 2를 얹고 홍생강을 올린다.

소고기 100% 보다 277 kcal down

얼음곤약밥이라면 또 130 kcal down

소고기덮밥

소고기 대신 얼음곤약을 사용했다.
소스가 확실히 배기 때문에 고기가 없어도 충분히
소고기덮밥의 느낌을 낼 수 있다.

다진 곤약 카레

고기가 없어도 콩과 얼음곤약으로 볼륨을 살리고
채소를 듬뿍 올려 영양의 균형을 맞추기 좋다.

407
kcal

재료 (2인분)

얼음곤약 <다지기> - 곤약 1장
당근 - 1/4개
양파 - 1/4개
가지 - 1개
오크라 - 4개
올리브오일 - 1/2큰술
마늘(잘게 다진 것) - 1/2쪽
생강(잘게 다진 것) - 1쪽
카레가루 - 4작은술
콩(데친 것) - 80g
A 콩소메 수프 재료 - 1작은술
토마토주스 - 1컵
우스터소스 - 1/2큰술
소금 · 후추 - 약간씩
보리밥 - 300g
삶은 달걀 - 적당량

만드는 법

1 당근과 양파는 잘게 다지고, 가지와 오크라는 1cm 크기로 자른다.

2 프라이팬에 올리브오일을 두르고 마늘, 생강, 양파를 넣고 중불에서 익힌다. 여기에 카레가루를 넣어 향이 올라올 때까지 볶고 당근, 콩, 얼음곤약을 넣고 볶는다.

3 모두 익었으면 *A*를 넣고 약한 중불에서 볶는다. 수분이 적당히 날아갔으면 오크라와 가지를 더해 중불에서 익히고, 소금과 후추로 맛을 낸다.

4 그릇에 밥과 3을 담고, 기호에 맞게 삶은 달걀을 곁들인다.

하이라이스

얼음곤약을 얇게 썬 소고기처럼 만든다.
버섯 역시 저칼로리여서 한 그릇 모두 먹어도 걱정없다.

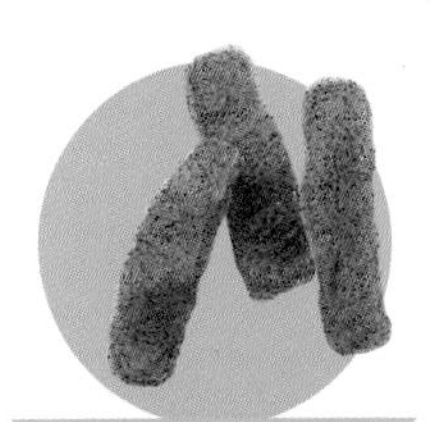

재료 (2인분)

얼음곤약 <직사각썰기> - 곤약 1장
밀가루 - 1작은술
양파 - 1/2개
표고버섯 - 3개
잎새버섯 - 1팩
올리브오일 - 1/2큰술
A
- 토마토조림 - 150g
- 설탕 - 1/2큰술
- 우스터소스 · 중화소스 - 1큰술씩
- 콩소메 수프 재료 - 1/2작은술

소금 · 후추 - 약간씩
밥 - 300g
파슬리(잘게 다진 것) - 적당량

만드는 법

1 얼음곤약을 가로로 찢고, 밀가루를 얇게 입힌다. 양파와 버섯은 얇게 썰고, 잎새버섯은 잘게 찢는다.

2 프라이팬에 올리브오일을 두르고 중불에서 1의 얼음곤약을 볶는다. 잘 어우러졌으면 양파와 버섯 종류도 넣고 볶는다. *A*를 넣고 강한 중불에 볶아서 졸이고 소금, 후추로 간을 한다.

3 밥을 그릇에 담아 파슬리를 올리고, 2를 뿌린다.

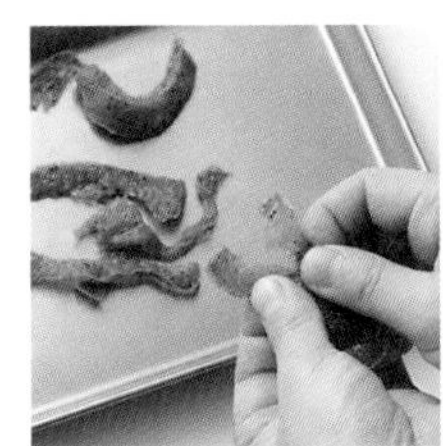

얼음곤약을 가로로 찢어 소스가 잘 스며들도록 한다.

비빔밥

얼음 실곤약을 고기 대신 사용해 매운맛을 살렸다.
다양한 재료를 섞어 먹으면 보는 재미와 함께 속까지 든든해진다.

재료 (2인분)

얼음곤약 - 실곤약 1봉지
표고버섯 - 2개
A ┌ 고추장 - 2작은술
　 └ 간장 · 미림 · 간 마늘 - 1작은술씩
당근 - 1/3개
숙주 - 1/2봉
시금치 - 1/2단
B ┌ 간장 · 설탕 · 간 마늘 · 참기름 - 1작은술씩
　 │ 깨(빻은 것) - 2작은술
　 └ 소금 - 약간
참기름 - 1작은술
배추김치 - 80g
온천 달걀 - 2개
밥 - 300g

만드는 법

1 얼음 실곤약은 물기를 짜서 먹기 좋은 길이로 자르고, 얇게 썬 표고버섯과 함께 *A*에 무친다. 당근은 채 썰고, 숙주는 다듬는다.

2 냄비에 충분한 양의 물을 올려 숙주, 당근, 시금치 순으로 데친다. 숙주와 당근은 물기를 제거하고, 시금치는 3cm 길이로 잘라 물기를 확실히 짠다. *B*와 섞어 3등분하여 각각 간을 한다.

3 프라이팬에 참기름을 두르고, 1의 얼음 실곤약과 표고버섯을 넣고 물기가 없어질 때까지 강한 중불에서 볶는다.

4 밥을 그릇에 담고, 2와 3, 중앙에 김치와 온천 달걀을 올린다.

얼음 실곤약

얼음 실곤약과 표고버섯에 한국식으로 간을 하는데, 이것이 맛을 결정하는 포인트이다.

면을 얼음곤약으로 하여 칼로리 다운!

건강한 일품 면 요리

면 요리를 먹고 싶은데 칼로리가 걱정된다면 얼음곤약을 선택하자.
면과 비슷한 얼음 실곤약을 이용할 것을 추천한다.

얼음 실곤약 사용법

라면, 메밀국수, 우동 등의 면대용으로 얼음 실곤약을 사용하면 보다 다양한 면 요리를 즐길 수 있다.

일반 실곤약은 특유의 냄새 때문에 국물이 싱거워지는 경우도 있지만, 얼음 실곤약으로 하게 되면 특유의 냄새도 빠지고 국물과도 잘 어우러진다.

면 요리의 기본은 얼음 실곤약!

라면과 메밀국수 등의 국물용 면이나, 야키소바와 쌀국수(볶음국수) 등의 면도 얼음 실곤약으로 대체 가능하다. 미끈미끈하지 않고 쫄깃쫄깃한 식감으로 얼음 곤약 이상의 탄력이 있어, 제대로 식감을 즐길 수 있다. 표면이 매끈해서 국물 요리 재료로 딱 좋다. 면 전부를 바꿔 넣어도 되고, 반 정도만 사용해도 된다. 목적에 따라 나누어 사용한다.

⚠ 실곤약을 얼렸다 녹이면 부피는 크게 줄어들지만 씹는 맛이 강해지기 때문에 한 봉으로도 충분하다. 나이가 많으신 분이나 소화기관이 약한 분에게는 추천하지 않는다.

얼리지 않고 사용할 때

❶ 데치기

데칠 때는 해동하여 사용하지만 우동이나 라면 국물에는 얼린 채로 넣는다.

❷ 풀기

젓가락으로 풀어 전체적으로 풀어지면 OK. 그 다음 물기를 꼭 짠다.

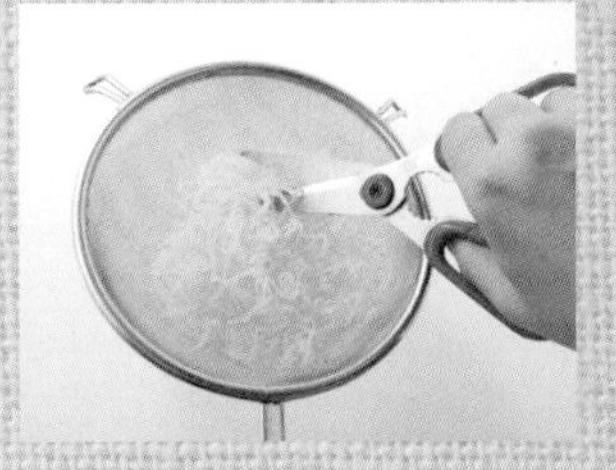

❸ 자르기

그대로 사용하기 길다면 적당한 길이로 자른다. 씹는 맛이 있어 보통 면보다 짧게 자르는 것이 좋다.

닭고기 퍼*

고단백 저칼로리의 닭가슴살이 포인트인 요리이다. 면에는 거의 칼로리가 없으므로 그야말로 다이어트에 딱! 숙주와 면을 함께 곁들여 먹는 것을 추천한다.

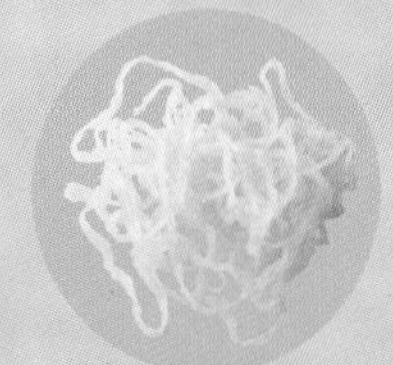

얼음 실곤약

재료 (2인분)

얼음 실곤약 - 실곤약 2봉
닭가슴살(껍질 없는 것) - 160g
생강(얇게 썬 것) - 1/2쪽
홍고추(잘게 썬 것) - 1/2개

A
- 남플라 - 2큰술
- 설탕 - 2작은술
- 레몬즙 - 2작은술
- 소금 · 후추 - 약간씩
- 다시마가루 - 1작은술

숙주 - 1봉
당근 - 1/3개
고수 - 1/2단
라임(반달 모양으로 썬 것) - 적당량

* **퍼** – 소고기 또는 닭고기를 곁들여 넣는 베트남의 쌀국수

만드는 법

1 냄비에 물 4컵과 닭고기, 생강, 홍고추를 넣고 끓인다. 한번 끓어오르면 약불에서 10분 정도 졸인다.

2 닭고기는 꺼내 잘게 찢어둔다. 남은 1의 육수에 *A*를 넣고, 숙주와 잘게 썬 생강을 넣는다. 다시 한번 더 끓어오르면 먹기 좋은 길이로 자르고 물기를 짜낸 얼음 실곤약을 넣고 1~2분간 졸인다.

3 그릇에 담아 닭고기를 올리고, 고수와 라임을 곁들인다.

148 kcal

퍼 100% 보다 **189 kcal** down

간이 밴 탄탄면

부드러운 두유맛에 매운맛이 핑도는 수프와 어우러지는 얼음 실곤약.

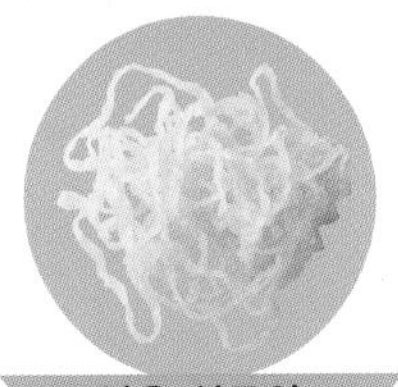

재료 (2인분)

얼음 실곤약-실곤약 2봉
청경채-1개
자차이*-20g
참기름-1작은술
다진 고기(돼지고기 살코기)-120g
파(잘게 다진 것)-1/4단
생강(잘게 썬 것)-1/2쪽
A ┌간 깨 · 된장-2큰술씩
　 └고추기름-1작은술
두유(무조정)-1컵
닭껍질 육수 재료-1/2작은술

*** 자차이** – 일종의 순무를 원료로 한 중국 김치의 하나

만드는 법

1 얼음 실곤약은 물기를 짜서 먹기 좋은 크기로 자른다. 청경채는 길게 6등분으로 자르고 데친다. 짜사이는 잘게 다진다.

2 냄비에 참기름을 둘러 중불에 다진 돼지고기를 볶고, 고기의 색이 변하면 파와 생강, 자차이를 넣고 함께 볶는다. 익으면 *A*를 넣어 섞고, 물 1과 1/2컵, 두유, 닭고기 육수를 넣고 강불에서 끓인다. 끓으면 1의 얼음 실곤약을 넣고, 조금 약한 중불로 3~4분간 졸인다.

3 그릇에 담아내고 1의 청경채를 올린다.

338
kcal

비빔냉면

냉면 대신 얼음 실곤약으로 매운맛을 내고, 채소를 듬뿍 올려 고기, 김치와의 조화로운 맛을 즐겨보자.

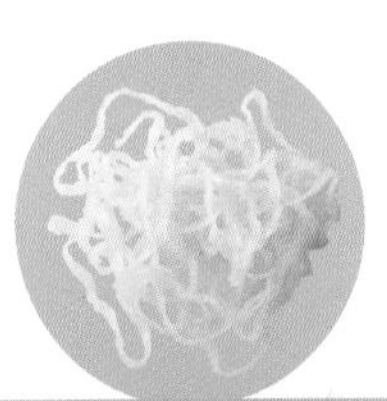

재료 (2인분)

얼음 실곤약 - 실곤약 2봉
양배추 - 3~4장
숙주 - 1/2봉
소고기(얇게 저민 것) - 140g
구이용 고기 소스 - 1큰술
참기름 - 1작은술

A
- 물 - 1/4컵
- 맛술 · 간장 - 2작은술씩
- 참기름 · 설탕 - 1작은술씩
- 고추장 - 1큰술
- 닭껍질 육수 재료 - 1/3작은술

배추김치 - 80g
김 - 적당량

만드는 법

1 양배추는 얇게 썰어 숙주와 함께 살짝 데치고, 그 물에 얼음곤약도 살짝 데친 다음 물기를 짜고, 먹기 좋은 크기로 자른다.

2 소고기는 구이용 소스에 무치고, 참기름을 두른 프라이팬에 중불로 볶는다.

3 용기에 *A*를 넣어 섞고, 1의 얼음 실곤약을 더해 잘 섞는다.

4 1의 채소를 그릇에 담고, 3과 2와 김치를 담는다. 마지막으로 김을 뿌린다.

얼음 실곤약에 간을 하고, 골고루 간이 배도록 버무려준다.

참깨소스를 곁들인 면

다이어트 식재료로 주목할만한 얼음 실곤약과 고등어 통조림과의 조화.
얼음 실곤약이라면 찍어 먹는 소스도 잘 맞는다.

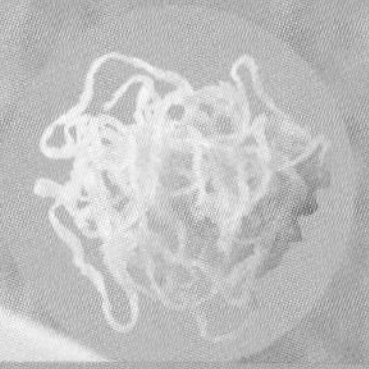

얼음 실곤약

323 kcal

중화면 100% 보다 337 kcal down

재료 (2인분)

얼음 실곤약 – 실곤약 2봉
양배추 – 2장
닭껍질 육수 재료 – 1/2작은술
꼬투리째 먹는 강낭콩 – 6개
A
- 고등어 통조림(3배 농축) – 1과 1/3큰술
- 된장 – 1과 1/3큰술
- 깨(빻은 것) – 1큰술
- 참기름 – 1작은술

삶은 달걀(반숙) – 1개

만드는 법

1 얼음 실곤약은 살짝 데쳐 물기를 짜서 먹기 좋은 길이로 자른다. 양배추는 심을 제거하고 먹기 좋은 크기로 자른다.

2 냄비에 물 1과 1/2컵과 닭껍질 육수 재료를 끓여 양배추를 살짝 데쳐 물기를 뺀다. 같은 육수에 꼬투리째 먹는 강낭콩을 데쳐 물기를 짜고 비스듬하게 자른다.

3 2의 육수에 고등어 통조림을 넣고 한번 끓여준 다음 *A*를 넣고 또 끓인다.

4 그릇에 얼음곤약과 얼음 실곤약을 넣고 2의 채소, 반으로 자른 달걀과 3의 육수를 곁들여 먹는다.

재료 (2인분)

얼음 실곤약 - 실곤약 2봉
파프리카(빨간색) - 2/3개
파 - 1단
새우(껍질 벗긴 것) - 120g
참기름 - 1/2큰술
중화면 - 1봉(120g)
콩나물 - 1봉
닭껍질 육수 재료 - 1/2작은술
A ┌ 남플라 - 1큰술
│ 레몬즙 - 1작은술
└ 미림 - 1/2큰술
후추 - 약간

만드는 법

1 얼음 실곤약의 물기를 확실히 제거하고 먹기 좋은 길이로 자른다. 파프리카는 잘게 썰고, 파는 어슷썰기 한다. 새우는 등에 내장과 껍질을 제거한다.

2 프라이팬에 참기름을 두르고 새우를 넣고 중불에 볶는다. 새우의 색이 붉게 변하면 중화면과 얼음 실곤약을 풀고, 콩나물과 파, 파프리카, 닭껍질 육수 재료 2큰술을 넣고 볶는다.

3 콩나물이 익을 때까지 볶다가, A를 넣고 후추로 간한다.

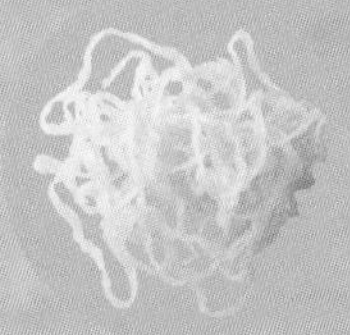

얼음 실곤약

328 kcal

중화면 100% 보다 119 kcal down

아시아식 야키소바

중화면과 얼음곤약의 조화!
남플라와 레몬으로 상큼하게 마무리!

결쭉한 크림 맛도 얼음곤약으로!

진한 맛의 쇼트 파스타

치즈 파스타와 화이트소스를 듬뿍 담은 그라탕. 쇼트 파스타의 칼로리를 얼음곤약으로 낮추면 다이어트 중에도 만족스러운 식사를 할 수 있다.

재료 (2인분)

얼음곤약 <막대썰기> - 곤약 2장
시금치 - 1/2단
새송이버섯 - 2개
햄 - 2장
버터 - 1큰술
마늘(잘게 다진 것) - 1쪽
화이트와인 - 1/4컵
우유 - 1/2컵
고르곤졸라 치즈 - 100g

만드는 법

1 시금치는 살짝 데쳐 3cm 길이로 잘라 물기를 짠다. 새송이버섯은 4등분하여 어슷 썰어 한입 크기로 만든다. 햄은 8등분한다.

2 프라이팬에 버터를 두르고 마늘을 약한 중불에 볶고, 얼음곤약과 새송이버섯을 넣고 함께 볶는다. 전체적으로 윤기가 돌면 와인을 넣고 졸인다.

3 우유와 잘게 찢어둔 치즈를 더해 약불에서 졸인다. 햄과 시금치를 넣고 섞는다.

고르곤졸라 곤약 펜네

진한 치즈의 맛을 즐기고 싶을 때는 펜네 대신에 얼음곤약으로 칼로리를 조절한다.

곤약 새우 그라탕

마카로니 대신 넣은 얼음곤약과 화이트소스가 만났다.
다이어트 중에도 안심하고 먹을 수 있는 그라탕이다.

재료 (2인분)

얼음곤약 <막대썰기> - 곤약 1장
새우 - 8마리
양파 - 1/4개
만가닥버섯 - 1팩
브로콜리 - 1/2개
버터 - 10g
소금 · 후추 - 적당량
화이트와인 - 2큰술
밀가루 - 3큰술
A ┌ 우유 - 1과 1/2컵
│ 물 - 1/2컵
└ 콩소메 수프 재료 - 1작은술
피자용 치즈 - 30g

만드는 법

1 새우의 껍질과 등에 있는 내장을 제거한다. 양파는 얇게 썰고, 만가닥버섯과 브로콜리는 작은 송이로 썰어 뜨거운 물에 살짝 데친다.

2 프라이팬에 버터를 녹여 중불에 새우를 볶고, 색이 변하면 소금과 후추로 간을 한다. 양파와 만가닥버섯을 넣어 다시 볶고 숨이 죽었을 때 화이트와인을 넣어 알코올을 날려준다. 밀가루를 넣고 전체적으로 잘 섞이면 *A*를 섞은 것을 조금씩 넣어가며 섞는다. 얼음곤약을 넣고 약한 중불에서 걸쭉해질 때까지 졸이고 소금과 후추로 간을 한다.

3 그라탕 접시에 2를 붓고, 1의 브로콜리를 담고 치즈를 얹어 오븐에서 10~15분간 굽는다.

얼음곤약을 섞어 넣어

가볍게 즐기는 밀가루 음식

오코노미야키 같은 밀가루 음식은 먹고 싶어도 다이어트 중에는 참아야만 한다. 하지만 얼음곤약으로 바꾸면 칼로리와 식감을 가볍게 할 수 있다.

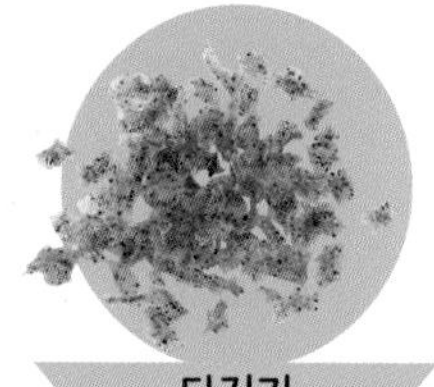

재료 (2인분)

얼음곤약 <다지기> - 곤약 1장
양배추 - 3장
돼지고기 뒷다릿살 - 80g
밀가루 - 1/2컵(50g)
육수 - 1/4컵
달걀 - 1개
샐러드유 - 1/2큰술
오코노미야키 소스 - 2~3큰술
파래가루 · 가다랑어포 - 적당량

만드는 법

1 양배추는 거칠게 다진다. 돼지고기 큰 덩어리를 반으로 자른다.

2 용기에 밀가루를 넣고 육수로 밀가루를 풀다가 달걀도 넣어 섞는다. 1과 얼음곤약을 넣고 섞는다.

3 프라이팬에 샐러드유 반 정도를 중불에 가열하고, 2의 반을 넣고 굽는다. 노릇노릇해지면 뒤집어서 반대편도 잘 구워낸 다음, 그릇에 담아낸다. 같은 방법으로 하나 더 만든다.

4 소스를 바르고 파래가루와 가다랑어포를 올린다.

293
kcal

탄력 오코노미야키

오코노미야키를 얼음곤약으로 볼륨 업!
탄력 있는 식감은 물론, 속도 든든해서 만족스럽다!

고소한 부침개

바삭바삭하고 부드러우면서, 쫀쫀한 식감이 매력적인 부침개.
거기에 얼음곤약의 식감이 더해져서 더욱 맛있다.

재료 (2인분)

얼음곤약 <나박썰기 ❶> - 얼음곤약 1장
달걀 - 2개
A
- 밀가루(박력분) - 1/2컵(50g)
- 녹말 - 1큰술
- 육수 - 4큰술
- 소금 - 약간

파프리카(빨간색) - 1/3개
부추 - 1/2단
배추김치 - 60g
꽃새우 - 6g
참기름 - 1큰술
B
- 폰즈간장소스 - 2~3큰술
- 두반장 - 1/2~1작은술
- 깨(빻은것) - 1큰술

만드는 법

1 용기에 달걀을 풀어 *A*를 넣고 잘 섞는다. 냉장고에 30분~1시간 정도 둔다.
2 얼음곤약은 가로로 찢고, 파프리카는 4~5cm 정도로 썬다. 김치도 잘게 다진다.
3 1에 2와 새우를 넣고 섞는다.
4 프라이팬에 참기름을 둘러 중불에 가열하고, 3을 넣어 평평하게 한다. 주걱으로 눌러가며 노릇노릇하게 양면을 익힌다.
5 익으면 잘라서 그릇에 담아낸다. *B*와 함께 곁들인다.

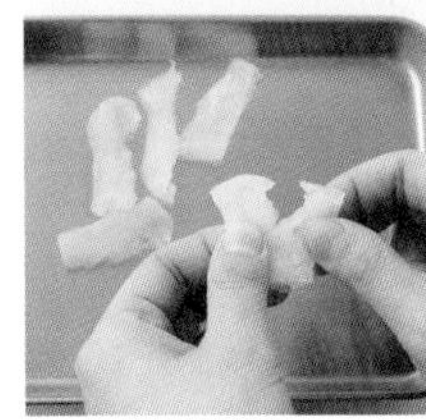

얼음곤약은 찢어서 간이 잘 배도록 한다.

시판 요리에 조금 보태기!

낮은 칼로리의 배부른 메인 요리

바쁠 때나 출출할 때 유용한 인스턴트 식품에 얼음곤약을 잘 활용하면 간단하게 다이어트식으로 변신한다.

시중에서 판매되는 수프를 이용하여 출출함을 없애는 건강 면 요리 완성!

라면은 먹고 싶은데 칼로리가 걱정될 때는 시중에서 판매되는 수프에 얼음 실곤약을 곁들이면 건강한 면 요리가 완성된다. 거의 수프 칼로리만으로 면 요리를 즐길 수 있다.

매콤한 수프와 함께

탄탄면

매운 인스턴트 라면 수프는 최근 중식, 한식, 일식 등 그 종류가 다양하다. 캡사이신의 지방 연소 효과도 기대해볼 수 있는 다이어트 면 요리이다.

미역국과 함께

산뜻한 면 요리

흔히 접할 수 있는 미역국과 얼음 실곤약은 저칼로리의 만남이라고 할 수 있다. 밤에 출출함이 밀려올 때 대처할 수 있는 메뉴이다.

수프
+5 kcal

즉석식품에 얼음곤약을 활용하여 건강한 맛으로 변신!

맛에 충실한 카레나 파스타 소스 같은 즉석식품.
얼음곤약을 넣어 카레와 파스타 소스와 함께 쓰이는 밥이나 면의 칼로리를 제외시키면 맛과 건강을 모두 챙길 수 있다.

얼음곤약 +
즉석 카레

고칼로리 이미지가 있는 카레도 지금은 200kcal 정도인 것들도 있기 때문에 먼저 그것을 선택하고, 여기에 얼음곤약밥(p.44)을 더하면 400kcal 정도밖에 되지 않기 때문에 좋다!

얼음 실곤약 +
즉석 미트 소스

파스타 면을 얼음 실곤약으로 바꾸면 면은 거의 제로 칼로리다. 씹는 맛이 있고, 소스도 잘 곁들여져서 만족스럽다.

컵라면의 수프나 시중에서 판매되는 반찬을 더하면, 만족스러운 한 끼 식사 완성!

편의점이나 슈퍼에서 쉽게 살 수 있는 컵수프나 반찬에 얼음곤약을 더하면 칼로리 걱정없이 식감이 있는 요리로 초간단하게 변신할 수 있다.

얼음 실곤약+

육개장 누들

육개장 수프에 얼음 실곤약을 넣으면 한국식 라면으로 변신한다. 얼음곤약밥을 넣으면 육개장 국밥으로도 즐길 수 있다.

완탕 수프

+5 ~ 11 kcal

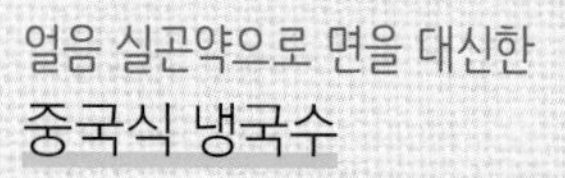

얼음 실곤약으로 면을 대신한

중국식 냉국수

중국식 냉국수의 반을 얼음 실곤약으로 대체하면 맛은 그대로 유지하면서 칼로리는 간편하게 169kcal로 낮출 수 있다.

얼음 실곤약+

완탕라면

배가 출출할 때는 완탕이 딱이다. 얼음 실곤약을 넣으면 칼로리 걱정없이 제대로 된 한 끼 식사를 한 것처럼 만족할 수 있다.

Part 4

술안주 칼로리 줄이기!

간단하지만 술과 잘 어울리는 맛의 안주

술안주는 칼로리가 높은 것들이 많다. 술을 마실 때는 '안주'만 주의해서 먹어도도 살이 찌지 않는다고 한다. 그럴 때는 뚝딱 만들 수 있는 얼음곤약 안주를 만들어 보자! 씹는 맛까지 더해져 술안주로도 제격이다. 얼음곤약을 재료로 하여 안주를 만들어보자.

휙 젓기만 하면 완성

냉장고에 있는 재료를 이용해 뚝딱! 섞기만 하면 간단히 완성되는 간식.
얼음곤약은 물기를 짜서 요리한다.

105
kcal

오이 X 김치 X 치즈 버무림

김치의 매운맛과 치즈의 부드러움이 환상의 조화를 이룬다.
얼음곤약을 넣으면 씹는 맛이 더해진다.

직사각썰기

재료 (2인분)

얼음곤약 <직사각썰기> - 곤약 1장
오이 - 1개
소금 - 약간
프로세스 치즈*(베이비 치즈) - 2개
배추김치 - 80g
A ┌ 간장 · 미림 - 1/2작은술씩
　　└ 참기름 - 1/4작은술

만드는 법

1 얼음곤약을 살짝 데쳐서 물기를 확실히 짠다. 오이는 한입 크기로 자르고, 약간의 소금과 함께 버무린다. 치즈와 김치는 먹기 좋은 크기로 썬다.

2 용기에 1과 *A*를 넣고 버무린다.

*** 프로세스 치즈** – 두 가지 이상의 천연 치즈를 녹여서 향신료를 넣고 다시 제조한 가공 치즈

채썰기

오이 X 자차이 해파리

자차이의 맛을 메인으로 한 중식의 맛.
얼음곤약이 마치 해파리 같은 식감을 낸다.

재료 (2인분)

얼음곤약 <채썰기> - 곤약 1/2장
오이 - 1개
게맛살 - 4~5개
자차이(간이 되어있는 것) - 40g
A ┌ 고추기름 - 1/3~1/2작은술
　 └ 간장 - 1/3작은술

만드는 법

1 얼음곤약을 살짝 데쳐서 물기를 짠다. 오이는 가로로 반을 잘라 어슷썰기 한다. 게맛살은 가로로 찢는다. 자차이는 잘게 채썬다.

2 용기에 자차이, *A*, 얼음곤약을 넣고 잘 섞는다. 게맛살과 오이를 더해 모두 버무린다.

채썰기

양파 X 참치 일식 샐러드

양파×참치 궁합에 얼음곤약을 더하면 일식 스타일로 아삭하게 즐길 수 있다.

재료 (2인분)

얼음곤약 <채썰기> - 곤약 1/2장
양파 - 1/2개
파드득나물 - 1단
참치 통조림 - 작은 캔 1개(80g)
폰즈간장소스 - 2큰술

만드는 법

1 얼음곤약은 살짝 데쳐서 물기를 짠다. 양파는 가로로 자르고, 파드득나물은 2~3cm 길이로 자른다.

2 용기에 참치 통조림을 통째로 넣고 폰즈간장소스와 섞고, 1을 넣고 버무린 다음, 그릇에 담아낸다.

토마토 살사

얼음곤약이 드레싱을 듬뿍 머금어 살사소스의 볼륨감과 맛이 두 배로!
맥주나 화이트와인 안주로 적합하다.

재료 (2인분)

얼음곤약 <다지기> - 곤약 1장
양파 - 1/6개
토마토 - 1/2개
민트(또는 고수) - 10g

A
- 머스타드·올리브유·레몬즙 - 1큰술씩
- 소금 - 1/4작은술
- 설탕 - 1작은술
- 칠리파우더 - 1/2~1작은술

토르티야 칩 - 적당량

만드는 법

1 얼음곤약은 살짝 데쳐서 물기를 짠다. 양파와 토마토는 5mm 간격으로 자르고, 민트는 잘게 다진다.

2 병 같은 곳에 1과 *A*를 넣어 뚜껑을 닫고 흔든다. 그대로 냉장고에서 20~30분간 두어 맛이 배도록 한다.

3 그릇에 담아 토르티야 칩을 곁들인다.

폭탄 낫토

낫토의 미끈미끈한 식감과 단무지의 꼬들꼬들한 식감 그리고 얼음곤약의 쫄깃쫄깃한 식감을 모두 즐길 수 있는 건강 안주이다.

다지기

재료 (2인분)

얼음곤약 <다지기> - 곤약 1/2장
낫토 - 2팩(80g)
오크라 - 6개
단무지 - 60g
메추리알 - 2개

만드는 법

1 얼음곤약은 살짝 데쳐 물기를 짠다. 낫토는 소스 1개를 넣고 잘 섞는다. 오크라는 랩을 씌워 전자레인지에서 30~40초간 데운 후 잘게 썬다. 단무지도 잘게 썬다.

2 1을 합치고, 메추리알을 중앙에 올린다. 먹을 때 잘 섞어서 먹는다.

131 kcal

노릇노릇 구이

구수한 향이 좋은 노릇하게 익힌 요리.
얼음곤약은 고기나 생선을 대신한다는 느낌으로 넣는 것이 포인트이다.

재료 (2인분)

얼음곤약 <깍둑썰기> - 곤약 1장
방울토마토 - 6개
앤초비 퓌레 - 2~3개
A ┌ 올리브오일 - 1큰술
│ 마늘(잘게 다진 것) - 1/2쪽
└ 소금 · 후추 - 약간씩
치즈가루 - 1큰술
바질 혹은 파슬리(잘게 썬 것) - 1큰술

만드는 법

1 방울토마토의 꼭지를 제거한다. 앤초비는 잘게 다진다.

2 내열 접시에 1과 얼음곤약을 올리고 A를 더해 큰 숟가락으로 섞어 평평하게 한 다음, 치즈가루와 바질을 뿌린다.

3 오븐토스터기에서 방울토마토가 충분히 익을 수 있게 7~8분간 굽는다.

깍둑썰기

앤초비 치즈 구이

토마토, 앤초비, 마늘을 철판에 올려낸다.
곤약을 문어 모양과 비슷하게 만들어 넣었더니 마치 진짜 문어처럼 보인다.

104 kcal

길게 직사각썰기

매실 차조기 구이 말이

얼음곤약을 오징어 대신 사용해 우메시소*의 아삭한 맛에 참기름 향을 더했다.

재료 (2인분)

얼음곤약 <길게 직사각썰기> - 곤약 1/2장
차조기 잎 - 6장
매실 장아찌 - 2개
A ┌ 미림 - 1작은술
　 └ 가쓰오부시 - 1팩
참기름 - 1/2큰술

만드는 법

1 차조기 잎은 가로로 자른다. 매실 장아찌는 씨를 제거하여 칼로 다지고 *A*를 더해 섞는다.

2 얼음곤약을 쭉 늘어놓고, 한쪽 면에 매실 장아찌를 얇게 발라 펼치고, 차조기 잎을 올려 말아준다. 이쑤시개로 고정한다. 프라이팬에 참기름을 두르고 약불과 중불로 조절해 가면서 노릇하게 익을 때까지 굽는다.

* **우메시소** – 향이 강한 일본 깻잎 같은 차조기 잎을 잘게 다진 것

다지기

버섯 산적

얼음곤약을 넣고 고기의 느낌을 살려 양은 푸짐하고, 칼로리 걱정없는 즐거운 식사가 되었다.

재료 (2인분)

얼음곤약 <다지기> - 곤약 1/2장
표고버섯 - 큰 것 4개
파 - 1/4단
A ┌ 된장 · 마요네즈 - 1큰술씩
　 └ 설탕 - 1/2작은술

만드는 법

1 표고버섯은 버섯 밑동을 제거한다.

2 파는 잘게 썰어 용기에 넣고, 얼음곤약과 *A*를 더해 잘 섞는다.

3 표고버섯 머리 밑 부분에 2를 올리고, 오븐토스터기에서 노릇노릇한 색이 돌 때까지 3~4분간 굽는다.

살짝 볶으면 완성

채소를 살짝 볶아서 만든 가벼운 술안주.
얼음곤약 특유의 식감이 포인트이다.

104
kcal

브로콜리 페페론치노*

마늘과 고추향이 화이트와인과 잘 어울린다.
브로콜리는 아삭하게 씹힐 정도로 볶는다.

나박썰기 ❶

재료 (2인분)

얼음곤약 <나박썰기 ❶> - 곤약 1/2장
브로콜리 - 1/2개
햄 - 2장
올리브오일 - 1/2큰술
홍고추(잘게 썬 것) - 1개분
마늘(얇게 썬 것) - 2쪽
화이트와인 - 1큰술
소금 · 후추 - 약간씩

* **페페론치노** – 이탈리아 고추

만드는 법

1 브로콜리는 작은 송이로 나누고, 햄은 잘게 썬다.

2 프라이팬에 올리브오일을 두르고 홍고추, 마늘을 넣고 약불에서 향이 날 정도로 볶은 후, 햄과 얼음곤약을 넣고 볶는다.

3 브로콜리도 넣고 화이트와인을 뿌려 뚜껑을 닫고 1분 정도 더 볶는다. 마지막으로 뚜껑을 열고 조금 센 중불에서 빠르게 볶고 소금과 후추로 간을 한다.

채썰기

매콤한 감자볶음

감자와 얼음곤약에 짭조름하고 매콤한 맛을 더했다. 식재료의 식감도 즐길 수 있다.

재료 (2인분)

얼음곤약 <채썰기> - 곤약 1장
감자 · 피망 - 1개씩
오징어 젓갈 - 30g
샐러드유 - 1/2큰술
홍고추(잘게 썬 것) - 1/2개
맛술 - 1큰술
남플라 - 1/2작은술

만드는 법

1 감자와 피망을 잘게 채썬다. 오징어 젓갈도 잘게 다져놓 는다.
2 샐러드유를 둘러 가열한 프라이팬에 젓갈, 홍고추를 중불에서 볶고, 향이 올라오면 얼음곤약과 감자를 넣어 감자가 잘 익어 투명해질 때까지 볶는다. 맛술과 남플라, 피망을 더해 국물이 날아갈 때까지 볶는다.

얼음 실곤약

실곤약 볶음

얼음 실곤약을 볶으면 닭똥집 같은 식감으로 즐길 수 있다. 술과 함께 해도 좋다.

재료 (2인분)

얼음 실곤약 - 실곤약 1봉
당근 - 1/2개
매운 명란젓 - 큰 것 1/2개(60g)
참기름 - 1작은술
맛술 · 간장 - 1/3작은술씩

만드는 법

1 당근은 4~5cm 길이로 채썬다. 얼음 실곤약은 먹기 좋은 길이로 자른다. 명란젓은 껍질에 얇은 칼집을 내 훑는다.
2 프라이팬에 참기름을 둘러 중불에 가열하고, 얼음곤약과 당근을 넣고 볶다가 윤기가 나면, 맛술과 간장을 넣어 볶는다. 명란젓을 넣고 저어가면서 볶는다.

89
kcal

뱅어포 볶음

뱅어포와 유자후추를 함께 볶아내고, 얼음곤약으로 식감을 더했다.

재료 (2인분)

얼음곤약 <막대썰기> - 곤약 1/2장
어묵 - 1/2개(60g)
쪽파 - 1/4단
A - 유자후추 · 맛술 - 1작은술씩
간장 - 1/3작은술
참기름 - 1/2큰술
뱅어포 - 20g

만드는 법

1 어묵은 네모난 막대 모양으로 썰고, 파는 1cm 길이로 썬다. *A*는 섞어둔다.

2 프라이팬에 참기름을 둘러 중불에 가열하고 어묵과 얼음곤약, 뱅어를 넣고 가볍게 볶는다. *A*를 넣어 강불에서 모두 볶고, 파를 더해 잘 섞은 다음 불을 끈다.

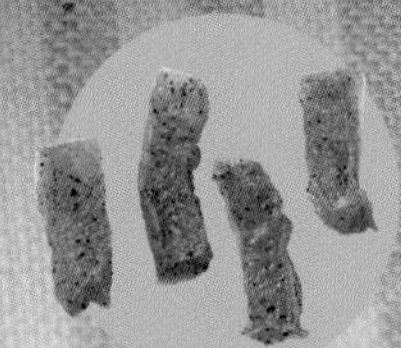

막대썰기

Part 5

맛의 비법을 모두 담았다!

얼음곤약으로 만든 밑반찬

얼음곤약을 사용한 인기 있는 병 샐러드 외에 다양한 맛의 밑반찬을 소개한다. 곤약의 씹는 재미뿐 아니라 맛도 좋아서 일석이조이다. 또한 식사때마다 조금씩 먹으면 과식을 예방하는 데도 도움이 된다.

병 샐러드

새롭게 떠오르는 보존 식품으로
얼음곤약이 드레싱을 듬뿍 머금어 맛이 더욱 풍부해진다.

재료 (480㎖의 병 또는 입구가 넓은 병 1개)

얼음곤약 <채썰기> - 곤약 1장
가지 - 2개
꼬투리째 먹는 강낭콩 - 6개
콩나물 - 1/2봉
방울토마토 - 8개
A
- 남플라 - 1큰술
- 설탕 - 1작은술
- 레몬즙 - 1과 1/2큰술
- 홍고추(잘게 썬 것) - 1개

고수 - 1~2줄기

만드는 법

1 가지는 꼭지를 잘라내 하나씩 랩을 씌워서 전자레인지에서 1분 30초~2분정도 데우고, 열이 식으면 반으로 갈라 얇게 어슷썰기 한다.
2 꼬투리째 먹는 강낭콩은 살짝 데쳐서 3~4 등분하고, 얼음곤약, 콩나물도 살짝 데쳐서 물기를 짠다. 방울토마토는 반으로 자른다.
3 *A*를 잘 섞어 병에 넣고 얼음곤약, 콩나물, 방울토마토, 가지, 꼬투리째 먹는 강낭콩의 순으로 담고 마지막에 고수를 올린다.

152
kcal
전량

타이식 샐러드

매일 먹는 채소에 남플라와 레몬만으로도 타이식 요리가 완성되었다.
얼음곤약도 하루사메*와 환상의 궁합을 보인다.

* **하루사메** - 녹두가루로 만든 가늘고 투명한 국수

나박썰기 ❶

재료 (480㎖의 병 또는 입구가 넓은 병 1개)

얼음곤약 <나박썰기 ❶> - 곤약 1/2장
오이 - 1/2개
파프리카(노란색) - 1/2개
아보카도 - 1/2개
브로콜리 - 4개
새우(데친 것) - 6~8마리
키위 - 1/2개

A
- 파슬리(잘게 썬 것) - 1큰술
- 머스터드 가루 · 올리브 오일 - 1작은술씩
- 화이트와인 비니거 - 1큰술
- 소금 · 후추 - 약간씩

상추 - 1장

만드는 법

1 오이는 좀 작게 썰고, 파프리카는 얇게 어슷썰기 한다. 아보카도는 1.5cm 크기로 썬다. 브로콜리는 작은 송이로 나누어 데치고 같은 물에 얼음곤약을 살짝 데쳐 물기를 짠다.

2 키위를 갈고 *A*를 더해 걸쭉한 느낌이 들 때까지 잘 섞어 드레싱을 만든다.

3 유리병에 2를 넣고 얼음곤약, 아보카도, 오이, 파프리카, 브로콜리, 데친 새우 순으로 올리고, 마지막에 적당한 크기로 찢어놓은 상추를 올려 마무리한다.

353 kcal 전량

새우 아보카도 샐러드

여성에게 인기 있는 새우와 아보카도의 조합. 키위까지 더해져 맛이 더 산뜻하다. 오래 보관하고 싶다면 뚜껑을 꽉~ 닫아둔다.

일식 밑반찬

오래전부터 일식 재료는 뿌리채소를 활용한 음식이 많아 디톡스 효과가 뛰어나다. 얼음곤약을 활용하면 포만감이 있어 다이어트에도 좋다.

깍둑썰기

뿌리채소 조림

뿌리채소류와 얼음곤약으로 식이섬유를 듬뿍 섭취할 수 있어 변비해소에 좋은 메뉴이다. 또한 맛이 깊게 배어 있다.

재료 (4인분)

얼음곤약 <깍둑썰기> - 곤약 1장
참기름 - 1큰술
A
- 당근(한입 크기로 막 썬 것) - 3/4개
- 연근(한입 크기로 막 썬 것) - 150g
- 우엉(막 썬 것) - 1개

표고버섯(4등분) - 4개
육수 - 2와 1/2컵
맛술 - 2큰술
B
- 간장 - 2큰술
- 미림 · 설탕 - 1과 1/2큰술씩

만드는 법

1 냄비를 중불에 올리고 참기름을 두른다. 얼음곤약과 *A*를 넣고 볶는다. 걸쭉해지면 표고버섯, 육수, 맛술을 함께 넣고 뚜껑을 닫은 채로 10분간 끓인다.

2 *B*를 넣고 국물이 없어질 때까지 중간 중간 섞어가며 졸인다.

148 kcal

우엉 조림

씹을수록 맛있어 야금야금 먹게 되는 메뉴.
항상 냉장고에 있는 채소를 반찬으로 곁들여서
과식을 막는다.

재료 (4인분)

얼음곤약 <채썰기> - 곤약 1장
당근 - 3/4개
우엉 - 1개
참기름 - 1큰술
홍고추(잘게 썬 것) - 1개분
깨(빻은 것) - 1큰술
A ┌ 설탕 - 2작은술
　　│ 미림 - 4작은술
　　│ 간장 - 2큰술
　　└ 맛술 - 1큰술

만드는 법

1 당근은 4cm 길이로 잘게 썰고, 우엉은 반으로 잘라 4~5cm 길이로 어슷썰기 한다.

2 냄비에 참기름과 홍고추를 넣어 중불에 볶다가 얼음곤약과 우엉을 넣고 점성이 생길 때까지 볶는다. 당근을 더해 숨이 죽을 때까지 볶고, *A*를 더해 섞어가면서 물기가 없어질 때까지 볶는다. 마지막에 깨를 뿌린다.

꼬투리째 먹는 강낭콩 깨 버무림

얼음곤약이 버무려지는 양념을 흡수해
오래 먹어도 질리지 않는 맛이다.

재료 (4인분)

얼음곤약 <막대썰기> - 곤약 1장
꼬투리째 먹는 강낭콩 - 180g
A ┌ 깨(빻은 것) - 3큰술
　　│ 설탕 - 2큰술
　　└ 간장 - 4작은술

만드는 법

1 꼬투리째 먹는 강낭콩은 꼭지를 따 살짝 데친 후, 3cm 길이로 자른다. 얼음곤약도 살짝 데쳐 물기를 짠다.

2 용기에 *A*를 섞고 1을 더해 버무린다.

막대썰기

32
kcal

야마가탄(山形)식 반찬

오크라의 끈적끈적한 식감과 풍부한 양념에 얼음곤약의 식감을 더한 건강식 반찬.

재료 (4인분)

얼음곤약 <막대썰기> - 곤약 1장
오크라 - 6개
다시마 - 1/2큰술

A
- 폰즈간장소스 - 1과 1/2큰술
- 간장 - 1/2큰술
- 일식 육수 - 1/2큰술
- 설탕 - 1작은술

B
- 가지(5mm로 자른 것) - 1개
- 오이(5mm로 자른 것) - 1개
- 양하(잘게 썬 것) - 2개
- 차조기 잎(잘게 썬 것) - 5장
- 생강(잘게 다진 것) - 1쪽

만드는 법

1 얼음곤약을 살짝 데쳐서 물기를 짜고, 오크라는 살짝 데쳐서 잘게 썬다. 다시마는 잘 비벼 씻고 물기를 짠 다음 잘게 썬다.

2 용기에 *A*를 넣어 잘 섞고, 1과 *B*를 넣고 잘 어우러지도록 섞어 냉장고에서 식힌다. 반나절에서 하루 정도 두면 맛이 잘 배어 맛있다.

우엉 시구레니*

소고기 같은 식감의 곤약과
생강의 달달하고 매콤한 맛이 잘 어우러진다.

재료 (4인분)

얼음곤약 <나박썰기 ❶> - 곤약 2장
참기름 - 1큰술
생강(채 썬 것) - 1쪽
우엉(어슷 썬 것) - 1개

A
- 간장 · 맛술 - 2큰술씩
- 미림 - 4작은술
- 설탕 - 1큰술
- 육수 - 1/2컵

표고버섯(얇게 썬 것) - 5개

만드는 법

1 냄비에 참기름과 생강을 넣고 중불에 가열하고 향이 올라오면 우엉과 얼음곤약을 졸이듯 볶는다.

2 1에 *A*를 더해 강불에 졸인 후, 표고버섯을 넣고 중불에서 섞는다. 물기가 없어지고 윤기가 돌 때까지 끓인다.

* **시구레니** – 대합과 같은 조갯살에 생강을 넣어 조린 식품

나박썰기 ❶

102
kcal

냉 어묵

꼬지처럼 나무를 꽂은 얼음곤약은 육수를 머금어 맛이 풍부해진다.
씹는 맛이 더해져 어묵과 곤약의 각기 다른 맛이 어우러진다.

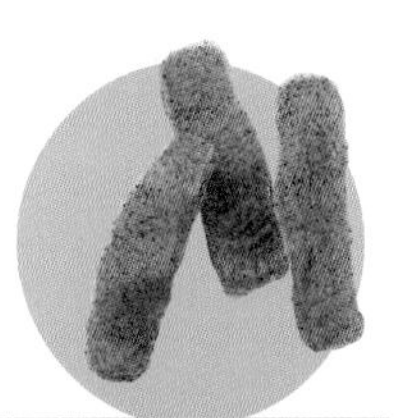
직사각썰기

재료 (2~4인분)

얼음곤약 <직사각썰기> - 곤약 1장
무(2cm 두께로 통썰기한 것) - 10cm
A
- 맑은 육수 - 1/2컵
- 소금 - 1/3작은술
- 미림 - 1큰술
- 생강(얇게 썬 것) - 3~4장

치쿠와(비스듬하게 반 자른 것) - 4개
삶은 달걀 - 4개
토마토(껍질 벗긴 것)
 - 작은 것 2~4개
오크라(꼭지 제거한 것) - 8개

만드는 법

1 얼음곤약 2장을 꿰매듯 하나의 꼬지에 꽂는다. 냄비에 무를 넣고 쌀뜨물을 넣어 중불에서 10~15분 데쳤다가 소쿠리에 올려 물을 뺀다.

2 냄비에 물 6컵과 *A*, 1의 무, 얼음곤약을 넣고 약불에 끓인다. 끓었으면 치쿠와를 넣고 약한 중불에서 10분간 더 끓인다.

3 삶은 달걀과 토마토, 오크라를 넣고 종이 호일로 뚜껑을 만들어 닫고 1분간 더 끓인 후 불을 끄고 그대로 열을 식힌 다음 냉장고에서 한 번 더 식힌다.

서양식 밑반찬

빵에도 어울리고 메인 요리와도 조합이 잘 맞는 반찬.
얼음곤약을 넣으면 양이 더욱 풍부해진다.

재료 (4인분)

얼음곤약 <나박썰기 ❷> - 곤약 2장
가지 - 2개
애호박 - 1개
파프리카(노란색) - 1개
양파 - 1/2개
올리브오일 - 2큰술
마늘(잘게 다진 것) - 1쪽
화이트 와인 - 2큰술
토마토 통조림 - 1/2캔(200g)
콩소메 수프 재료 - 1작은술
꿀 - 1/2큰술
소금 - 1/2작은술
후추 - 약간
말린 오레가노 - 적당량

만드는 법

1 가지와 애호박은 1.5cm 두께로, 파프리카는 1cm 폭으로 자르고, 양파는 2cm로 자른다.

2 냄비에 올리브오일과 마늘을 넣고 중불에서 향이 날 때까지 볶다가 양파, 얼음곤약, 가지, 애호박, 파프리카 순으로 넣고 걸쭉해질 때까지 볶는다.

3 화이트와인을 뿌리고 알코올이 날아가면 토마토 통조림과 물 1/2컵, 콩소메 수프 재료, 꿀을 넣고 볶는다. 잘 익었으면 소금과 후추를 넣고 중간에 저어가면서 채소가 부드러워질 때까지 뚜껑을 닫고 10분간 졸인다. 마지막에 말린 오레가노를 넣고 간을 한다.

나박썰기 ❷

123 kcal

라따뚜이

여름 채소를 듬뿍 섭취할 수 있는
서양식 메인 반찬.
큼지막한 크기의 얼음곤약은
두껍게 썬 베이컨을 대신한다.

칠리토마토 조림

채소가 메인이면서도
콩과 얼음곤약이 속을 든든하게 해준다.

막대썰기
127 kcal

재료 (4인분)

얼음곤약 <막대썰기> – 곤약 1장
올리브 오일 – 1큰술

A
- 양파(잘게 다진 것) – 1/4개
- 마늘(잘게 다진 것) – 1쪽
- 파슬리(잘게 다진 것) – 1/2개
- 베이컨(잘게 다진 것) – 1개

B
- 칠리파우더 – 1작은술
- 밀가루 – 1작은술보다 조금 더

C
- 토마토 조림(먹기 좋은 크기) – 200g
- 화이트와인 – 1큰술
- 설탕 – 1작은술

믹스견과 – 150g
월계수 잎 – 1장
콩소메 수프 재료 – 1작은술
토마토케첩 – 4작은술
우스터소스 – 1/2작은술
소금 · 후추 – 약간씩

만드는 법

1 냄비를 중불 위에 올리고, 올리브 오일과 *A*를 넣고 향이 올라올 때 얼음곤약과 *B*를 더해 볶는다.

2 *C*를 더해 걸쭉해질 때까지 졸인다.

3 믹스견과, 월계수 잎, 물 1/2컵, 콩소메 수프 재료를 넣고 졸인 다음, 토마토케첩과 우스터소스를 더해 약불에서 끓이고 중간에 저어준다. 전체적으로 걸쭉해질 때까지 10~15분간 졸이고, 소금과 후추로 간을 한다.

당근라뻬

씨겨자와 레몬이 어우러져 얼음곤약에 콩소메 맛이 잘 어우러지는 것이 포인트이다.

재료 (4인분)

얼음곤약 <길게 직사각썰기> – 곤약 1장
콩소메 수프 재료 – 1/2작은술
당근 – 1개

A – 소금 · 설탕 – 1/3작은술씩

B
- 소금 – 약간
- 씨겨자 · 레몬즙 – 1큰술씩
- 올리브오일 – 1큰술
- 꿀 · 마요네즈 – 1큰술씩

파슬리(잘게 다진 것) – 2큰술

만드는 법

1 냄비에 물 1/2컵과 콩소메 수프 재료를 넣고 졸인 후, 곤약을 넣는다. 1~2분간 졸인 후 소쿠리에 담아 물기를 짠다.

2 당근은 잘게 채 썰고 *A*를 뿌려 가볍게 버무리고, 재료가 숨이 죽을 때까지 두었다가 물기를 짠다.

3 용기에 *B*를 넣어 잘 섞고, 1과 2를 넣고 버무린다. 그릇에 담아 파슬리를 뿌린다.

아시아식 밑반찬

쉽게 구할 수 있는 채소로 만든 약간의 매콤함이 포인트인 아시아식 밑반찬이다.
샐러드 대용으로 채소를 듬뿍 섭취할 수 있는 메뉴들이다.

콩나물과 소송채나물

콩나물의 아삭아삭한 맛과 얼음곤약의 식감이 조화를 이룬다.
본격적인 식사 전 맛보고 싶은 요리이다.

재료 (4인분)

얼음곤약 <채썰기> - 곤약 2장
콩나물 - 1봉
소송채 - 1단

A
- 참기름 - 2작은술
- 깨(빻은 것) - 3큰술
- 간 마늘 - 2작은술
- 설탕 - 1작은술
- 소금 - 1/2작은술
- 간장 - 1작은술

만드는 법

1 콩나물은 잔뿌리를 다듬는다.

2 냄비에 물을 가득 넣어 끓이고 콩나물을 데친다. 계속해서 얼음곤약을 데치고 물기를 짠다. 소송채도 데쳐서 어느 정도 물기를 제거하여 3cm 길이로 자르고 다시 물기를 짠다.

3 용기에 *A*를 넣어 잘 섞은 후, 2를 더해 잘 섞이도록 버무린다.

83 kcal

여주 피클

3일 정도 두었다가 먹는 것이 좋다.
여주에도 얼음곤약에도 맛이 배어 맛있다.

재료 (4~5인분)

얼음곤약 <나박썰기 ❶>-곤약 1장

A
- 설탕-100g
- 홍고추(잘게 썬 것)-2개
  ※생고추가 있으면 작은 것 1개
- 마늘·생강(잘게 다진 것)-1쪽씩

B
- 레몬즙·식초-3큰술씩
- 남플라-4큰술

여주-1개

만드는 법

1 냄비에 물 1/3컵과 *A*를 넣고 중불에서 끓인다. 설탕이 녹았으면 불을 끄고, 열이 식으면 *B*를 넣고 섞는다.

2 여주는 가로로 반을 잘라 스푼으로 씨앗을 제거하고 5mm 폭으로 얇게 썬다. 얼음곤약은 살짝 데쳐서 물기를 확실히 짠다.

3 보존용 병에 2를 넣고, 1을 부어 냉장고에 하루 정도 둔다.

가지 량반* 요리

큰 가지와 얼음곤약의 식감이 충분히 포만감을 느끼게 한다. 양념을 곁들여 충분히 차갑게 먹으면 좋다.

재료 (4인분)

얼음곤약 <두껍게 직사각 썰기>-곤약 1장

가지-3개

A
- 설탕-1큰술
- 참기름-2작은술
- 간장-2큰술
- 식초-1과 1/3큰술
- 두반장-1작은술

생강(잘게 다진 것)-1쪽

차조기 잎-8장

만드는 법

1 가지는 꼭지를 제거한 후, 가로로 2~3줄 정도 칼집을 내 랩을 씌워 전자레인지에서 6분 정도 데운다. 바로 냉수에 담가 열이 식으면 6~8등분으로 나눈다. 얼음곤약은 살짝 데쳐서 물기를 짠다.

2 용기에 *A*와 생강을 넣고 잘 섞은 후, 얼음곤약을 넣고 잘 버무리고 가지를 넣고 가볍게 버무린다.

3 차조기 잎을 잘게 썰어 2에 넣어 하나로 섞고, 그대로 냉장고에 두고 식힌다.

* **량반(凉拌)** – 재료에 직접 조미하여 차갑게 무쳐 내는 조리 기법

닭똥집 중화 마리네*

닭똥집과 식감이 비슷한 얼음곤약으로 닭똥집 양을 늘렸다.
건강 간식으로 제격이다.

재료 (4인분)

얼음곤약 <깍둑썰기> – 곤약 2장
닭똥집(손질한 것) – 120g
A – 소금 · 후추 – 약간씩
밀가루 – 2큰술
물 – 4큰술
B
- 식초 · 간장 · 굴소스 – 5작은술씩
- 참기름 – 2작은술
- 설탕 – 1작은술
- 홍고추(잘게 썬 것) – 1개

피망(잘게 썬 것) – 2개
당근(잘게 썬 것) – 1/3개
샐러드유 – 1큰술

만드는 법

1 얼음곤약은 물기를 꽉 짜서 밀가루를 묻힌다. 닭똥집은 두꺼운 부분에 칼집을 내 *A*를 뿌려 간을 한 다음, 밀가루를 묻힌다.

2 큰 용기에 *B*를 섞고, 피망과 당근을 넣고 섞는다.

3 프라이팬에 샐러드유를 두르고 중불로 가열하고, 1을 넣고 볶는다. 닭똥집의 색이 변하면 뚜껑을 닫고 약한 중불에 5분간 찐다.

4 뚜껑을 열고 수분을 날려주듯이 1~2분 굽다가 불을 끈다. 뜨거울 때 2에 넣고 위아래로 잘 섞어서 끓인다.

* **마리네(Marine)** – 생선, 고기, 식초, 기름, 향미료 등을 섞어서 담은 요리

Part 6

씹는 맛도 즐기자!

얼음곤약으로 만든 새로운 식감의 간식

디저트에 얼음곤약을!? 어색하게 느낄 수도 있지만 얼음곤약은 맛이 거의 나지 않기 때문에 어느 요리에나 잘 어울린다. 디저트에도 새로운 식감과 씹는 맛을 더 느낄 수 있는 아이템으로 활용해보자.

106
kcal

깍둑썰기

바삭한 인절미

보기에는 인절미 같은 맛을 상상하게 되지만 얼음곤약 특유의 식감을 느낄 수 있다. 떡보다 더 바삭한 맛이 일품이다.

재료 (2인분)

얼음곤약 <깍둑썰기> - 곤약 1장
설탕 - 2큰술
콩고물 - 2~3큰술
조청 - 1~2큰술

만드는 법

1 냄비에 설탕, 물 1/2컵, 얼음곤약을 넣고 1~2분간 졸인 후, 그대로 두어 열을 식힌다.

2 얼음곤약은 물기를 짜고 콩고물을 묻혀 그릇에 담아 낸다. 기호에 따라 조청을 곁들인다.

맨 처음 얼음곤약을 시럽에 졸여 단맛이 배도록 한다.

183
kcal

마시멜로 망고 요구르트

요구르트에 첨가하는 것만으로 마시멜로, 망고, 얼음곤약이 어우러져
새로운 맛의 디저트가 된다!

막대썰기

재료 (2인분)

얼음곤약<막대썰기> – 곤약 1/2장
플레인 요구르트 – 300g
마시멜로 – 30g
말린 망고 – 25g
민트 – 적당량

만드는 법

1 얼음곤약은 살짝 데쳐서 물기를 확실히 짜고 열을 식힌다.

2 보존 용기에 요구르트와 1, 마시멜로, 말린 망고를 넣고 하루 동안 보관한다.

3 그릇에 담고, 기호에 맞게 민트를 곁들인다.

요구르트에 담가두면 수분을 머금어 탄력이 생긴다.

105
kcal

모양 자르기

홍차 콤포트

오렌지와 시나몬이 섞여 더 깊은 맛의 홍차가 된다.
충분히 부푼 얼음곤약과 과일을 즐길 수 있다.

재료 (2인분)

얼음곤약 <모양 자르기> - 곤약(흰색, 검은색) 각 1/2장
설탕 - 3큰술
시나몬 스틱 - 1개
홍차 - 5g(티백 2개)
말린 자두 - 4개
오렌지 - 1개
레몬즙 - 1작은술

만드는 법

1 작은 냄비에 물 1과 1/2컵, 설탕, 시나몬 스틱을 넣고 중불에서 끓인다. 끓었으면 홍차와 자두, 얼음곤약을 넣고 약불에서 5분 정도 끓인다. 오렌지는 껍질을 벗기고 1cm 두께로 썰어 레몬즙과 함께 넣고 불을 끈다. 열을 식히고 냉장고에서 1~2시간 정도 절인다.

얼음곤약은 과일과 함께 홍차에 미리 익힌 후에 절인다.

180
kcal

다지기

레드빈 밀크젤리

전통적인 맛의 젤리, 나타데코코*와는 또 다른 얼음곤약의 씹는 맛이 새롭다!

재료 (2인분)

얼음곤약 <다지기> - 곤약 1/2장
젤라틴가루 - 1봉(5g)
우유 - 250㎖
설탕 - 1/2큰술
팥(삶은 것) - 70g

얼음곤약을 우유에 넣어 데운다.

만드는 법

1 젤라틴가루는 표시된 대로 물에 불려 둔다.

2 냄비에 우유와 설탕, 얼음곤약을 넣고 보글보글 끓어오를 때까지 데워졌으면 불을 끄고, 1의 젤라틴과 팥을 넣고 섞는다.

3 냄비 바닥을 얼음에 대고 몽근해질 때까지 식히고, 그릇에 담아 식히며 굳힌다.

* **나타데코코** – 코코넛 즙을 발효시켜 만든 젤리 형태의 식품

187
kcal

막대썰기

살라미 초콜릿

드라이 후르츠와 같은 식감의 얼음곤약으로 칼로리를 유지한다.
식감 때문에 적은 양으로도 만족스럽다.

재료 (만들기 쉬운 분량/5~6인분)

얼음곤약 <막대썰기> - 곤약 1장
생크림 - 4큰술
비스킷 - 30g
호두(로스트 · 무염) - 25g
판 초콜릿 - 100g
퓨어 코코아 - 2큰술(20g)
설탕 - 적당량

* **살라미** - 이탈리아식 소시지

만드는 법

1 얼음곤약은 깨끗하게 데쳐서 물기를 짠다. 비스킷은 큼직하게 자르고, 호두는 잘게 썬다.

2 생크림을 냉장고에서 꺼낸다. 판 초콜릿은 잘게 쪼개 보울에 담고 따뜻한 물에 중탕한다. 80% 정도 녹으면 중탕 작업을 멈추고, 생크림과 코코아를 넣고 섞는다. 부드러워지면 1을 넣고 섞는다.

3 왁스 페이퍼 위에 2를 기다란 형태가 되도록 올려 말아준다. 냉장고에서 1시간 이상 식힌다. 잘 굳었으면 종이를 벗기고 설탕을 뿌려 기호에 맞게 나눈다.

초콜릿에 곤약을 넣는다.

왁스 페이퍼로 길쭉한 봉 형태로 말아 양끝을 싼다.

18
kcal

얇게 직사각썰기

곤약 칩

가볍게 만들 수 있고, 마치 치킨 콩소메 맛이 나는 감자 칩을 먹는 것 같은 기분이 드는 맛있는 간식이다. 지금 막 완성된 것을 맛보자.

재료 (2인분)

얼음곤약 <얇게 직사각썰기> - 곤약(흰색, 검은색) 각 1장
맛술 - 1작은술
닭껍질 육수 재료 - 1작은술
후추 - 약간

만드는 법

1 용기에 맛술과 닭껍질 육수 재료를 넣어 잘 섞고, 얼음곤약을 넣어 잘 버무린다.

2 내열 접시에 1을 펼치고 랩을 벗겨 전자레인지에서 2~3분 정도 바삭바삭해질 때까지 데운다.

3 뜨거울 때 기호에 맞게 후추를 뿌린다.

얼음곤약에 닭껍질 육수로 맛을 낸다.

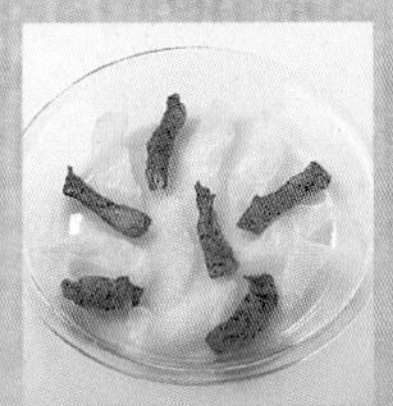

내열 접시에 얼음곤약을 펼치고 전자레인지에 데운다.

칼로리 걱정 없는

얼음 곤약 레시피

2016. 6. 22. 1판 1쇄 발행
2019. 7. 5. 1판 2쇄 발행

지은이 | 가나마루 에리카
옮긴이 | 신미성
펴낸이 | 이종춘
펴낸곳 | BM (주)도서출판 **성안당**
주소 | 04032 서울시 마포구 양화로 127 첨단빌딩 3층(출판기획 R&D 센터)
10881 경기도 파주시 문발로 112 출판문화정보산업단지(제작 및 물류)
전화 | 02) 3142-0036
031) 950-6300
팩스 | 031) 955-0510
등록 | 1973. 2. 1. 제406-2005-000046호
출판사 홈페이지 | **www.cyber.co.kr**
ISBN | 978-89-315-8290-2 (13510)
정가 | 9,800원

이 책을 만든 사람들
책임 | 최옥현
기획 | 조혜란
진행 · 편집 | 김해영, 정지현
교정 · 교열 | 김해영
본문 디자인 | 정희선
표지 디자인 | 박원석
홍보 | 김계향, 정가현
국제부 | 이선민, 조혜란, 김혜숙
마케팅 | 구본철, 차정욱, 나진호, 이동후, 강호묵
제작 | 김유석